Doris Pikal

Hurra, wir ziehen auf's Land

Unsere Erlebnisse auf dem eigenen Bauernhof

Verlag
CCU

1. Auflage

© Verlag CCU
www.verlag-ccu.com

CCQ GmbH - 2340 Mödling

Printed 2014 in Austria

ISBN 978-3-9503051-8-0

Vorwort

Wer hat nicht schon einmal darüber nachgedacht, sich ein Haus am Stadtrand oder auf dem Land zuzulegen, mitten in der Natur, umgeben von Wiesen und Wäldern? Viele träumen davon, ein Teil davon arbeitet darauf hin – und einige wenige davon verwirklichen sich tatsächlich diesen Traum.

Meist passiert dies in der ersten Lebenshälfte, eher selten beginnt man mit der Verwirklichung dieses Traumes gegen Ende des Berufslebens – die Familie Pikal hat es gewagt, und dabei viel erlebt, Positives wie Negatives, Erfolge wie Misserfolge.

Doris Pikal versteht es, diese Erlebnisse und Ereignisse mitreißend, unterhaltsam, und anrührend zu Papier zu bringen und nimmt uns mit auf eine Reise durch die Zeit, beginnend bei der Idee, und zeigt uns, dass unsere Träume es wert sind, dafür zu arbeiten, zu verzichten und sie beständig zu verfolgen. Am Ende lohnt sich all die Mühe und man kann endlich, endlich die Früchte langjähriger Anstrengungen genießen.

Letztendlich sind es der Glaube, der Zusammenhalt und der liebevolle Umgang der Familie miteinander, die es ermöglichen, selbst die schwierigsten Probleme zu bewältigen – eine seltene Qualität in unserer schnelllebigen, oberflächlichen Zeit, und Wert, sich davon eine Scheibe abzuschneiden!

Andreas Brugger

Inhalt

Einleitung

Haben Sie noch Träume? Unerfüllte Wünsche und Sehnsüchte? Wenn sie plötzlich in greifbare Nähe kommen, sind Sie dann bereit, dafür Opfer zu bringen? Auf bisherige Annehmlichkeiten zu verzichten? Fühlen Sie sich kräftig genug und glauben Sie, dass Sie noch etwas bewegen können? Wenn ja, dann zögern Sie nicht und greifen Sie zu, wenn sich diese Chance bietet.

Unser Einstieg in dieses Projekt war ein großes Wagnis, wie ein Trapezakt ohne Netz. Es gab keine Sicherheit, dass es gelingen würde. Das Risiko zu scheitern war groß, aber umso mehr strengten wir uns an, dass dies nicht passieren würde. Wir gaben alles.

Als der älteste Sohn meines Mannes uns zum ersten Mal besuchte und sah, was wir uns hiermit aufgehalst hatten, meinte er zu meinem Mann: „Du hast zehn Jahre zu spät damit begonnen!"

Otto schüttelte den Kopf und entgegnete optimistisch: „Nein, nur zehn Jahre später!"

Mittlerweile haben wir alle unsere Träume verwirklicht. Der Garten gleicht im Sommer einem Schlaraffenland, in dem neben Gemüse auch exotische Früchte gedeihen. Die einstigen Ställe sind eine Wellnessoase geworden mit Sauna, Infrarotkabine, Ruheraum und Whirlpool. Aus dem Kuhstall ist ein Fitnessraum geworden, in dem wir auch Tischtennis spielen; mit Stereoanlage und Discokugel kann er auch als Partyraum genützt werden.

Handwerker konnten wir uns nicht leisten. Alles wurde mit eigener Kraft geschaffen; so gut, wie wir es eben konnten, nicht perfekt, aber funktionell.

Das Einzige, worin wir immer versucht hatten, perfekt zu sein, war und ist der Umgang miteinander. „Wenn wir zusammenhalten, sind wir stark", ist noch immer unser Familienmotto. Wir sind uns gegenseitig Stütze. In Liebe und Treue zueinander zu stehen, das gibt uns Sicherheit und macht uns glücklich und hängt nicht von äußeren, sondern von den inneren Umständen ab.

Doris Pikal

Wie es begann

Haben sie noch Träume? Unerfüllte Wünsche und Sehnsüchte? Glauben sie, dass sie noch etwas bewegen können ? Ist ihnen fad und fühlen sie sich nicht vollends ausgelastet? Dann lassen sie alles hinter sich, was sie bisher gemacht haben und steigen sie aus, aber machen sie es nicht so wie wir; nicht alles auf einmal, sondern hübsch eins nach dem anderen.

Beinahe alle Menschen haben Träume unterschiedlichster Art, doch die meisten wünschen sich sehnlichst ein eigenes Haus. Mein Vater träumte auch davon. Meine Mutter war dagegen. Sehr realistisch meinte sie, dass sie sich das Haus nicht ersparen, sondern nur erhungern konnten. Mein Vater verwirklichte seinen Traum, indem er eine kleine Almhütte in den Bergen kaufte. Er hatte Tischler gelernt und mit diesem Können, viel Fleiß und Idealismus schuf er mit den Mitteln, die ihm zur Verfügung standen, ein kleines Paradies, das wir Kinder und auch meine Kinder sehr liebten. Auch mein Mann und ich hofften, eines Tages in ein kleines Haus auf`s Land ziehen zu können. Meine Tochter und ich wollten dann alle möglichen Tiere haben, und mein Mann fantasierte von einem Bastelraum, denn auch er hatte das Tischlerhandwerk erlernt.
Die Jahre gingen dahin. Nachdem mein Mann den Fünfziger schon einige Jahre hinter sich gelassen hatte, hörte er auf, diesem Traum nachzujagen und meinte, es wäre bald an der Zeit, sich für das Seniorenheim anzumelden.

Ich war anderer Meinung. Wie man heranzieht, was man sich wünscht. Ich hatte gelesen, dass die Wünsche Gestalt annehmen, wenn man sie aufschreibt. Man muss sie immer vor Augen haben und bewusst oder unbewusst in sich aufnehmen.

Ich nahm ein Blatt Papier zur Hand. Was wollte ich? Ich überlegte kurz, ehe ich zwei wesentliche Punkte aufschrieb: 1. Ich wollte ein Haus mit einem Garten

2. Ich wollte einen Job, mit dem ich mir das leisten konnte.

Diesen Zettel befestigte ich im Wohnzimmer an der Wand, und wann immer ich mich dort aufhielt, hatte ich diese zwei Zeilen vor mir, und das Geschehen nahm seinen Lauf.

„Heute muss ich dir etwas zeigen", begann mein Mann, als ich wieder einmal einen freien Tag hatte. „Meinen Traum. Meinen Bauernhof."

Mein Mann war schon einmal da gewesen und war begeistert, und ich war voller Erwartung. Die Fahrt verging wie im Flug. Wir kamen zum Knoten Seebenstein. Immer, wenn wir zu meinen Eltern in die Steiermark gefahren waren, waren wir hier abgebogen Richtung Semmering. Nun fuhren wir erstmals vorbei und nahmen die nächste Ausfahrt. Als wir wieder auf die Bundesstraße kamen, lag Seebenstein direkt vor uns. Geschützt von einigen Hügeln rundum, schmiegte es sich in die Landschaft und wurde von der Burg bewacht. Wir überquerten die Bahn, und kurz danach hielten wir an.

„Wir sind da", sagte mein Mann.

Ich löste den Sicherheitsgurt und stieg aus. Ich

sog die Luft ein. Wir waren am Land. Es roch danach. Vis a vis war ein großer Bauernhof, der im Gegensatz zu unserem bewirtschaftet wurde.

Das Haus lag langgestreckt direkt an der Straße. Die Straßenseite und die Wand beim Tor waren mit Schindeln verkleidet. Ein großes Metalltor grenzte das Anwesen zur Straße hin ab. Mein Mann sperrte das Tor auf, wir traten ein, und als er es wieder schloss, war es, als ließen wir die übrige Welt draußen. An der Hauswand gleich neben dem Tor war ein überdachter Blumentisch. Er war voll mit Blumentöpfen verschiedenster Größen und Sorten. Aber sie waren alle kaputt, erfroren, vertrocknet. Die fürsorgliche Hand hatte gefehlt, um sie vor dem Frost zu schützen. Das Herz tat mir weh bei dem Anblick. Auch der Garten neben dem Haus war verwahrlost. Anschließend an den Garten stand ein großer offener Schuppen, der wie die Scheune und die Ställe das Haus überragte.

Als wir um die Hausecke bogen, sah ich die einstige Viehtränke, eine Betonwanne gleich neben dem alten Brunnen. Es war kein Pumpenrohr mehr drinnen, aber man konnte das Loch sehen, das notdürftig abgedeckt war.

Mein Mann stellte sich mitten in den Hof, breitete die Arme aus und sagte „Als ich das erste Mal hierher kam, war es mir, als wäre ich schon einmal da gewesen. Es war wie nach Hause kommen."

Ich blickte mich um. Nein, für mich war es nicht so. Ich liebte das Leben auf dem Land und hatte fast die gesamten Ferien meiner Jugendzeit dort verbracht. Aber mir fehlte genau das, was ich am Landleben so geliebt hatte ... die Tiere ... Kälber, Kühe, Pferde, Hasen, Hühner, Hund und Katze.

Zwischen dem Schweinestall und dem Haus stand ein mächtiger Birnbaum, der sich gefährlich zum Nachbarn hinüber neigte. Das Haus hatte auf der Hofseite drei große Fenster. Über zwei Stufen gelangte man von draußen direkt in die Küche. Als ich eintrat, kam mir ein vertrauter Geruch entgegen. Es roch modrig, stickig und nach kaltem Rauch, nicht nach dem von Zigaretten, sondern nach Holzrauch, wie er aus einem Ofen kam, der schlecht zog. Genau so hatte es gerochen, wenn wir nach längerer Abwesenheit auf unsere Alm gekommen waren. Nun fühlte auch ich mich hier verbunden. Als wir den Ofen anheizten, qualmte und rauchte er, dass wir Fenster und Türen aufmachen mussten.

Während es drinnen warm wurde, machten wir einen Rundgang durch das Haus und die Ställe. Wo früher das Vieh untergebracht war, war alles angefüllt mit alten Geräten und Gerümpel. Es war mir unbegreiflich, dass man so viel Ramsch zusammentragen konnte. Der Saustall machte seinem Namen alle Ehre.

Mitten im Obstgarten hinter den Ställen stand ein Autowrack. Es hatte keine Reifen und war bis zur Bodenplatte im Erdreich eingesunken. Verdeck hatte es auch keines, und das Innere des Wagens war angefüllt mit Äpfeln, die vom Baum gefallen und mittlerweile verfault waren. Im großen Schuppen sah es auch nicht besser aus. Ein uralter Traktor mit eben solchem Anhänger nahm den größten Teil des Raumes ein, rundum lauter Bretter und Platten aus Holz, Heugabeln und anderes Werkzeug.

„Na, was sagst du dazu?" fragte mich mein Mann.

„Ein Sauhaufen!" seufzte ich, mich umblickend.

„Nein, nicht daaaas", sagte er gedehnt.

„Was dann?" fragte ich und folgte seinem Blick. Nein, das konnte nicht wahr sein.

Wie er da mit leuchtenden Augen vor dem Traktor stand, erinnerte er mich an meine Kindheit, wie wir damals vor der großen Auslage des Spielzeuggeschäftes in unserer Stadt gestanden und sehnsüchtig auf all die für uns unerschwinglichen Ding geblickt hatten. Hm. „Das Kind im Manne", dachte ich. Aber das war doch kein Spielzeug! Das war grobstoffliche Urmaterie!!! Die einstige, knallrote Farbe war bräunlich geworden. War das überhaupt noch Farbe oder war das Rost? Einige Rippen von dem Kühler waren verbogen. Er hatte weder eine Windschutzscheibe, noch ein Dach. Zeitgemäß ausgedrückt könnte man sagen; es war ein landwirtschaftliches Fahrzeug in Cabrio-Ausführung.

„Ich will ihn haben", sagte er mit der weinerlichen Stimme eines Kindes. „Ich wollte schon immer mit einem Traktor fahren", fügte er hinzu.

„Und du glaubst, der funktioniert noch?" fragte ich zweifelnd.

Er zuckte mit den Schultern. „Wer weiß?"

Ich schüttelte ungläubig den Kopf und verließ den Schuppen, nicht ahnend, was da auf uns zukam und dass wir einstens noch sehr dankbar für die Dienste dieses stählernen Ungetüms sein würden.

Hurra, wir ziehen aufs Land

Ist das Leben nicht ungerecht? Haben Sie noch nie gemerkt, dass die Güter schlecht aufgeteilt sind? Immer haben die anderen das, was wir gerne hätten, aber das, was sie haben, das wollen sie gar nicht. Uns ging es genau so. Ein Bauernhaus zu haben, war wohl der gewagteste aller Träume. Erich hatte ihn, und wollte nicht aufs Land ziehen. Da es nicht so aussah, als könnten wir unseren Traum verwirklichen, bot uns Erich an, wir könnten in seinem Garten anbauen.

„Nein, danke" lehnte ich ab. "Wenn ich jedesmal 100 Kilometer fahren muss, um den Garten zu bewässern, da bin ich billiger daran mir das Obst und Gemüse zu kaufen."

Aber als er meinem Mann anbot, wir könnten das Haus am Wochenende und in den Ferien benützen, da nahm er das Angebot an.

„Ihr könnt euch ja einen Raum herrichten und wenn ihr frei habt, könnt ihr Urlaub am Land machen."

Das klang so gut, dass es sich lohnen würde, auch den Garten zu bearbeiten. Meine Mutter hatte das auch immer so gehalten. Einige Wochen vor den Sommerferien hatte sie den kleinen Hausgarten vor der Almhütte bepflanzt. Es gab danach keine Möglichkeit zu gießen oder das Unkraut zu jäten. Was wuchs das wuchs, aber man musste auch damit rechnen, dass die Wildtiere sich daran gütlich taten. Unsere erste Nachschau wenn wir hinkamen galt unserer Quelle, die zweite dem Garten. Zu unserem Erstaunen gab es immer etwas Gemüse; Salat, Kohlrabi, Radieschen, Karotten und Gewürzkräuter.

Wir würden es in Seebenstein genau so machen. Wir würden den Garten bepflanzen und uns einfach davon überraschen lassen, was wächst.

Und so nebenbei wollten wir uns einen Raum herrichten.

Wenn das Wetter halbwegs schön war, fuhr mein Mann aufs Land. Jeder Fremdling wird dort ebenso argwöhnisch wie neugierig beobachtet.

Als ich nach meiner Hochzeit aus der südlichen Steiermark nach Wien gezogen war, hatte er mich eine „G`scherte" genannt, und immer wenn ich mit kurzen Haaren vom Friseur kam. Es war nicht bös gemeint und ich ärgerte mich nicht deswegen. Nun hatten ihn seine Sticheleien eingeholt. Für die Einheimischen waren wir die „g`scherten Weana". Aber das tat nicht weh, damit konnten wir leben.

 Nachdem er nun schon einige Tage im Garten neben der Straße gearbeitet hatte sprach ihn die Nachbarin an.

„Sind Sie der neue Besitzer?" fragte sie über den Zaun.

„Nein" rief er zurück, „ich bin nur der Gärtner!"

Pah, ein Gärtner, der mit einem Taxi aus Wien vorfuhr! Ob sie ihm das abnahm?

Mochte sie nun denken, was sie wollte, schmunzelte er in sich hinein, aber es war nicht gelogen.

Wenn das Wetter schlecht war, arbeitete mein Mann im Haus.

„Die Hausfrau ist mehr als 85 Jahre alt geworden. So schlecht kann die Wohnqualität nicht sein", überlegte mein Mann. „Mann muss sich ordentlich waschen können, und wir brauchen einen Raum zum Schlafen."

Darum begann er, das Schlafzimmer und das Badezimmer auszuräumen.

Die Wände waren feucht.

„Ich werde sie bis zu einer Höhe von einem Meter abklopfen und dann mit Thermoputz neu verputzen." beruhigte er mich.

Ich kenne niemanden, der so mit der Tücke des Objektes kämpfte wie er. Was konnte dabei schon schief gehen? Alles. Alles. Alles.

Mit dem ersten Hammerschlag auf den Meißel durchtrennte er das Stromkabel. Wer konnte ahnen, dass die Kabeln ohne Rohre, einfach schräg über die Wand unter den Putz gelegt waren? Dass ihm dabei nichts passiert war, war wohl ein großes Glück gewesen. Vom Schlafzimmer hatte er erst einmal genug. Er wandte sich dem Badezimmer zu.

Als sein zweitältester Sohn hörte, dass wir uns am Land eine Unterkunft einrichteten, suchte er seinen Vater auf. Er erzählte ihm, dass er heiraten wollte, eine Frau mit zwei Kindern, aber dass seine Pläne, das Haus bei seiner Mutter auszubauen, von ihr abgelehnt wurden. Mein Mann bedauerte dies, ohne die geringste Ahnung, worauf sein Sohn eigentlich anspielte. Nachdem er mindestens drei Mal vorgebracht hatte, dass er nicht wisse, was er nun tun sollte und mein Mann dies ebenso oft bedauert hatte, ließ dieser die Katze aus dem Sack, indem er ganz zerknirscht sagte: „Voda ziag aus, i brauch die Wohnung!"

Aber es war nicht nur die Tatsache, dass er eine Wohnung brauchte, sondern dass wir möglichst schon gestern ausgezogen sein sollten, damit er sie bis zur Hochzeit herrichten konnte, weil unser Heim nicht mehr den neuesten Anforderungen entsprach.. So fehlte zum Beispiel eine ordentliche Heizung und auch die gesamte Elektrik gehörte neu gemacht, denn die Leitungen waren nicht einmal geerdet.

„Ok, wir ziehen aus, aber unter der Voraussetzung, dass du uns die Wasserinstallationen machst!"

Wenn man schon einen Installateur in der Familie hat, soll man das ausnützen. Es blieb ihm nichts anderes übrig, als auf diesen Vorschlag einzugehen.

Als ich meiner Tochter sagte, dass wir nun ganz von Wien wegziehen würden, machte sie einen Luftsprung und in der Hoffnung auf all die Tiere, die wir dort haben könnten, rief sie: „Hurra, wir ziehen auf's Land!"

Der Krieg im Garten

Unser vordringlichstes Anliegen bei unserem Vorhaben, aufs Land zu ziehen, war, einen Garten zu haben und selbst Obst und Gemüse anzubauen. Der abgezäunte Garten neben der Straße war viel zu klein für unsere Bedürfnisse, darum wollten wir auch im Obstgarten ein paar Beete anlegen.

Wir wohnen auf dem Steinfeld. Es heißt nicht nur so, es ist auch eines. Der „Obstgarten" befand sich dabei in einem quadrierten Zustand. Wir hatten keine Ahnung, dass das früher nur der Fuhrpark für die Feldgeräte gewesen war. Um zu verhindern, dass die schweren Geräte einsanken, hatte man den ganzen Boden mit Ziegeln ausgelegt. Die herabfallende Erde hatte im Laufe der Zeit den Belag zugedeckt, und allmählich war Gras darüber gewachsen. Man konnte einen Spaten nicht tiefer als drei Zentimeter in die Erde stechen. Das reichte aber nicht. So begann mein Mann, die Ziegel abzuheben, die Erde durch ein Gitter zu werfen, mit dem vorhandenen Kompost zu mischen und anschließend wieder in die Grube zu werfen.

Die Steine unter den Ziegeln waren von Faust- bis Kopfgröße und manchmal auch darüber.

Es war Schwerstarbeit, und nicht immer schaffte er das Pensum, das er sich vorgenommen hatte. Er hatte ein Beet mit einem Meter Breite und vier Metern Länge ausgehoben, aber er war nicht fertig geworden mit dem Durchsieben. Als wir am nächsten Tag wiederkamen, war die ganze Erde samt den Steinen wieder in der Grube. Erich war da gewesen. Er hatte helfen wollen. So merkten wir, das Gegenteil von gut ist gut gemeint.

„So geht es nicht", regte ich mich auf. „Entweder, er lässt uns arbeiten, so wie wir wollen, oder wir lassen es bleiben."

Als wir, in Wien zurück, die Post sortierten, fand ich einen Brief von der Bausparkasse, in dem sie mir mitteilten, dass mein Bausparvertrag zu Ende sei und ich auf Grund meiner angesparten Summe einen Kredit in der Höhe von ... aufnehmen könnte. Es gab auf einmal eine Chance, das Anwesen kaufen zu können.

Wir agierten gleich anders. Wir kauften Pflanzen, setzten Bäume und hofften auf eine gute Ernte.

Für das vorhandene Tierreich hatten wir ein Schlaraffenland eröffnet, mit noch nie dagewesenen Delikatessen. Ich versuchte, meine Gewächse vor den Schädlingen zu schützen, aber mein Mann war absolut dagegen.

„Lass sie ruhig", sagte er „so lange sie uns etwas überlassen."

Der Pfirsichbaum hatte die Kräuselkrankheit, die Ribiseln hatten Läuse, die Kirschen wurden von den Vögeln gefressen und die Schnecken machten sich über den Salat her. Auch die Saat, die mein Mann angelegt hatte, litt und als er sah, wie eine Schnecke das letzte Stängelchen Grün verzehrte, grub er das Kriegsbeil aus, denn sie hatte uns nichts übrig gelassen.

Aber wir waren nicht die einzigen, die ihre Probleme mit solchen Naturgewalten hatten.

Als ich einmal an der Kasse saß, hörte ich, wie sich zwei Herren miteinander unterhielten. Der eine war ganz verzweifelt, war dabei aufzugeben.

„Der ganze Aufwand lohnt sich doch nicht

mehr!" klagte er. „Die Pfirsiche haben die Kräuselkrankheit, die Beeren haben Läuse, die Kirschen werden von den Vögeln geholt ..."

„... und die Schnecken fressen den Salat!" warf ich ein.

„Ja genau!" rief er und drehte sich nach mir um. Dass er in mir eine Leidensgenossin gefunden hatte, machte mich sympathisch, und er lächelte mir wohlwollend zu. Mir half das nichts, denn im Gegensatz zu ihm hatten wir gerade erst angefangen. In so einem Naturratgeber stand, dass sich die Tiere nach ein paar Jahren an die neuen Leckerbissen gewöhnt hätten, und dann würde sich die Lage verbessern. Wir wollten aber nicht ein paar Jahre darben und zusehen wie sie sich an unserem Gemüse satt fraßen. Also schritten wir zur Tat.

Abends, bei Einbruch der Dämmerung, nahmen wir unsere Gartenscheren und machten uns auf die Jagd. Mit Taschenlampen pirschten wir uns an unsere Opfer heran. Schnipp und schon waren ein paar hundert Junge weniger. Es machte keinen Spaß, darum unterließ ich es manchmal. Mein Mann wollte mich eines Tages ganz rücksichtsvoll an meine Aufgabe erinnern und er tat das, in dem er fragte: „Schatzi, hast du die Schnecken heute schon gefüttert?"

Alle unter einem Dach

In der Familie meines Vaters lebten noch mehrere Generationen in einem Haushalt. Überhaupt war es zu früheren Zeiten so üblich, dass die Familien beisammen blieben, ganz besonders am Land. Auf Bauernhöfen ist das heute noch so. Der Vater meines Vaters, mein Großvater also, bewirtschaftete einen Bauernhof und hatte zudem noch eine Sägemühle. Die landwirtschaftliche Arbeit verrichtete größtenteils meine Großmutter, während sich ihr Mann dem Sägebetrieb und im Winter der Holzarbeit im Wald widmete. Die Großmutter, die ich kennenlernte, war schon seine dritte Frau. Die beiden ersten waren gestorben. Von jeder hatte es Kinder gegeben, für welche die nächste Frau mitsorgte. Manche Nachkommen hatten das Säuglingsalter nicht überlebt und andere waren im Kindesalter gestorben. Die Zeiten waren schwierig. Einen Arzt gab es nicht im Dorf, und mancher Kranke war mangels rechtzeitiger Behandlung gestorben.

Die Bäuerin stillte die Kinder, die übrige Zeit war sie im Stall oder auf den umliegenden Feldern. Das Kochen, den Haushalt und die Kindererziehung überließ man damals den Großmüttern. Sie waren zumeist geduldiger als die Mütter und hatten bei den kleinen Wehwehchen der Kinder immer ein Hausmittel parat.

Spielzeug für die Kinder gab es so gut wie keines. Fad wurde ihnen dennoch nie. Schon von klein auf wurden sie angeleitet, mitzuhelfen und wenn es wirklich mal keine Arbeit gab, so beschäftigten sie sich mit ihrer Fantasie. Wenn mein Vater mit seinen Geschwistern im Sommer auf der Alm mithalf, das Vieh bei der Weide zu beaufsichtigen, so mussten sie nebenbei Socken stricken für den Winter. Als meine Schwester drei Jahre alt war, wünschte sie sich eine Puppe. Es gab kein Geld dafür und so nahm sie ein Holzscheit, das sie in ein Tuch einwickelte. Das war ihre Puppe. In ihrer Fantasie musste sie wunderschön gewesen sein, denn als mein Vater in nächtlicher Arbeit einen Kopf herausschnitzte, gefiel ihr die Puppe nicht mehr. Sie legte es zum Brennholz und nahm sich ein anderes Holzscheit, das sie einwickelte und herumtrug.

Als ich so fünf, sechs Jahre alt war und auch später noch, hätte ich gerne zu Großvaters Zeit gelebt, auf dem Bauernhof. Ich liebte die Besuche bei meiner Tante, die den Heimathof übernommen hatte und war sehr traurig, als sie ihn eines Tages verkaufte. Lange Zeit war das Haus leer gestanden, und jedes Mal, wenn wir mit der Bahn vorbeigefahren waren, hatten mich die leeren Fenster traurig angeblickt. Eines Tages wurde es abgerissen, und nun führt die Autobahntrasse über das einstige Anwesen meiner Großeltern.

Vielleicht waren es die Gene meines Vaters, die diese Sehnsucht nach dem einfachen Leben mit der Natur und den Tieren wach hielten. Vielleicht war es das Glück, dass auch mein Mann davon träumte, eines Tages auf einem Bauerhof zu wohnen. Es sah nicht danach aus, dass sich unser Traum noch erfüllen sollte.

Als mein Mann den 50er schon einige Jahre hinter sich gelassen hatte, überlegten wir, ob wir uns nicht rechtzeitig im Altersheim anmelden sollten, denn bei den langen Wartezeiten heutzutage erleben manche die Übersiedlung dorthin nicht mehr.

Eines Tages aber erfüllte sich unser Herzenswunsch doch noch. Wir bekamen einen Bauernhof, der groß genug war, um auch meine Mutter, die im Pensionistenheim sehr unglücklich war, zu uns zu nehmen. Auch meine Schwiegermutter hätten wir noch untergebracht, aber im Gegensatz zu meiner Mutter fühlte sie sich im Heim wohl und wollte dort bleiben.

Dass die Renovierung unseres neuen Zuhauses nicht so schnell vonstatten ging, wie wir dachten, das machte uns nichts aus, wohl aber meiner Mutter. Sie wollte nicht mehr warten. Mein Schwager, meine Schwester und ihre Tochter kamen mit ihrem Wohnwagen aus Deutschland, um die Fertigstellung von Omas Wohnraum zu beschleunigen. Nach einem Besuch bei meiner Mutter im Heim kam meine Schwester eines Tages mit ihr und ihren ganzen Habseligkeiten nach Seebenstein. Sie hatte keinen Tag mehr bleiben wollen. Es machte ihr auch nichts aus, dass ihr Zimmer noch nicht fertig war und sie den einzigen bewohnbaren Raum, den wir hatten, mit den Kindern teilen musste. Nahezu alles, was sie liebte, und wie sie es von ihrer Kindheit her kannte, war hier an einem Ort vereint; Kinder, Enkelkinder und die Schwiegersöhne, eine große Familie, alle unter einem Dach. Sie hätte glücklich sein können in ihrem neuen Zuhause. Aber leider hatte sie es bis zu ihrem Tod nicht verstanden und überwunden, dass die Kinder mit ihren Familien wieder in ihren eigenen Lebensraum zurückkehren mussten. Für kurze Zeit jedoch hatten wir alle erlebt, wie schön es sein kann – alle unter einem Dach.

Die Naturalienwährung

Als wir in unserem Haus zu renovieren begannen und ich meinen Mann in die Baugeschäfte begleitete, sah ich erst, wieviel alles kostete und wie wenig man das, was man so hatte, schätzte. Bei den neuen Fenstern, die ich gerne gehabt hätte, traf mich fast der Schlag, und bei der neuen Haustüre blieb mir die Spucke weg.

„Vergiss es!" sagte mein Mann. Wir begnügten uns damit, die Küche auszumalen und hinter der Kochzeile Fliesen zu verlegen. Das hätten wir uns sparen können, aber das wussten wir damals noch nicht.

Wir überschlugen immer die Preise für die Dinge, die wir brauchten, und ich merkte plötzlich, wie wir begannen, in anderen Währungen zu rechnen. So kostete ein Wochenendeinkauf nicht mehr soundso viel ... sondern zum Beispiel ein halbes Fenster. Haben sie jemals ein halbes Fenster gekauft? Es war jedenfalls die Währungsphase, in der wir uns gerade befanden.

Ein anderes Mal, wir waren dabei, die unteren Zimmer zu streichen, hatte mein Mann eine Polizeistrafe zu bezahlen: wegen Langsamfahren. Nach einer Beerdigung war er in Gedanken versunken hinter einem Autofahrer auf der Mittelspur nachgefahren. Hinter ihm kam ein Auto heran, hupte und blinkte ihn an. Nun ist mein Taxler keiner, den man mit solchen Aktionen ins Bockshorn jagen kann. „Na, überhol doch, wenn ich dir zu langsam bin, is eh noch eine Spur frei!" Der weiße Kombi fuhr ganz knapp hinten an seine Stoßstange. Nun begann sich mein Mann zu ärgern.

„Na wos is. Wühst ma Aungst moch`n? Do muaßt oba a bissl früha aufsteh`n. Waun i a neiche Lackierung brauchert, daun tät i jetzt a klan`s Bremserl moch`n. Do tät`st oba liab schau`n! Foar do endlich vur, du Wabbla", schimpfte er in seinem Führerhaus.

Der Wabbla fuhr vor und hielt ihn auf. Es war die Gendarmerie.

Mein Allerbester, der ein paar Male hintereinander in die Radarfalle gegangen war, nein, er war kein Raser, es waren statt 50 km/h leider 57 km/h gewesen, wurde bestraft, weil er zu langsam fuhr.

„Hören Sie", begann er sich zu rechtfertigen „ich werd bestraft, weil ich nicht überholt habe und hinter einem anderen nachgefahren bin?! Was glauben Sie, was die Autofahrer da tun? Die fahren alle hinter einem anderen nach. Wenn Ihr die alle verfolgen wollts da habt ihr aber viel zu tun. Ich glaub ihr seids a bissl gestört?!"

„Werden `s nicht frech, sonst zahlen`s noch mehr wegen Beamtenbeleidigung!"

„Aber Herr Inspektor, i bin a armer Häuslbauer. Wissen`s wie vüh Kübeln Farb des sind?"

Der Herr Inspektor wusste es nicht. Er hatte auch kein Erbarmen. Er lächelte mitleidig als er sah, dass er meinem Mann die Geldbörse bis auf den letzten Groschen ausräumte, aber es war mehr ein "Du armer Wurm, ich könnte dich zertreten"-Blick.

Ein anderes Mal waren wir dabei, ein kleines Aquarium für die Küche einzurichten. Jeder Cent, den wir aufbringen konnten, floss in das neue Schmuckstück, alles, was nicht unbedingt sein musste, wurde gestrichen. Ich hatte mich für einen Fortbildungskurs angemeldet. Auf die Frage, was das kostete, sagte ich nur: „Eh nicht viel" und nannte ihm die Summe.

„Um das Geld kann ich schon wieder zwei Guppys kaufen", schmollte er.

Aber auch andere kannten diese seltsame Währung. Unlängst war ich auf dem Gemeindeamt, um die Wahlkarte für meine Mutter abzuholen. Dabei erkundigte ich mich nach dem Preis für die neue Saisonkarte. Die Sekretärin rechnete herum. „48 Euro", gab sie mir zur Antwort.

„Also 50, um den Daumen", rundete ich der Einfachheit halber auf.

„Sind `s net so großzügig", rügte sie mich. „das ist schon wieder ein halbes Packerl Kaffee!!"

Seid ihr fertig, oder zieht ihr ein?

Es war, als ob plötzlich eine Uhr zu ticken begonnen hätte, eine Zeitbombe, aber eine, die nicht zu entschärfen war. Alles musste im Laufschritt geschehen. Und wie bei einem Uhrwerk die Zahnräder ineinander griffen, so mussten auch unsere Arbeitsabläufe aufeinander abgestimmt sein. Mein Mann fuhr die großen Supermärkte ab und besorgte Bananenkartons. Was ich am Abend eingepackt hatte, wurde am nächsten Tag schon weggeführt.

„Als erstes werden die Sachen eingepackt, die wir nicht brauchen: Bücher, Spielsachen, deine Handarbeitssachen, die Winterbekleidung und so weiter", kam der Auftrag von ihm. Wenn die Kästen geleert wurden, so sah man das von außen nicht, aber als die Bücher so nach und nach ausgeräumt wurden, die Regale von den Wänden verschwanden und all die anderen Kleinigkeiten, wurde es kalt in der Wohnung.

„Jeder packt einen Koffer mit Gewand für zwei Wochen, so, wie wenn wir auf Urlaub fahren" sagte mein Mann. „Alles andere wird in Kartons eingepackt!"

Es ist ein großer Unterschied, ob man auf's Land fährt, um das Wochenende oder die Ferien dort zu verbringen, oder ob man sein gesamtes Hab und Gut einpacken muss. Es blieb kaum mehr Zeit für Renovierungsarbeiten.

Da das Schlafzimmer komplett ausgeräumt war, stellte mein Mann ein altes Sofa auf den Dachboden, auf dem er schlief, wenn er gleich nach dem Nachtdienst nach Seebenstein fuhr. Ich machte mir keine großen Hoffnungen, dass das Zimmer bis zur Übersiedlung fertig sein würde, darum suchte ich nach einem Bett für mich. Ich wurde sogar fündig. Es war zwar etwas kleiner als das von meinem Mann, aber es war gleich hoch, und ich konnte es gut neben das andere stellen, denn auch für mich kam die Zeit, wo ich, um Zeit zu sparen, hier übernachtete. Das war allerdings sehr gewöhnungsbedürftig. Das Dachgebälk hielt keine Geräusche ab, im Gegenteil, man hatte das Gefühl, dass die Autos durch`s Schlafzimmer fuhren und die Leute sich nicht auf der Straße, sondern neben dem Bett unterhielten. Dann knarrte und knisterte wieder das Holz, oder es raschelte irgendwo. Es gab keine Türe, die man absperren konnte, um sich sicher zu fühlen. Die ersten paar Male konnte ich erst schlafen, wenn es bereits wieder dämmerte, oder mein Mann nach Hause kam, aber schließlich war die Erschöpfung stärker als die Angst.

Vor einigen Jahren hatte ich an einem Ausflug teilgenommen, den die Frauen in unserer Kirche veranstaltet hatten. Ich saß in der letzten Reihe im Autobus und folgte der Unterhaltung von zwei Bekannten ...

„Nächsten Monat ziehen wir um in unser neues Haus" erzählte die eine voller Stolz. Und dann folgte eine ganz bedeutungsvolle Frage die ich nie vergessen und an die ich jetzt immer öfter denken musste.

„Seid ihr fertig oder zieht ihr ein?" fragte die andere.

Die Gefragte wurde rot im Gesicht, und verlegen lächelnd bekannte sie „Wir ziehen ein!"

Damals wurde mir erstmals der Unterschied bewusst. Ich kannte einige, die ein Haus gebaut hatten, und ich hatte mich immer gefragt, wieso die Leute in Häuser einzogen, die nicht fertig waren; in denen es keine Fußböden gab, die Treppen kein Geländer hatten und die nackten Glühbirnen von der Decke hingen?!

Nun wusste ich, wie das kam und mir schwante, dass auch wir nicht fertig werden, sondern bloß einziehen würden.

Neben der Packerei war es meine Aufgabe, die Küche auszumalen. Sie sollte nur weiß gestrichen werden, aber dazu musste man erst einmal die alten Schichten mit den Tapeten entfernen. Mein Problem war dabei immer meine Größe. Trotz der Leiter musste ich mich strecken, und oft hatte ich das Gefühl, ich könnte meine Hände nicht mehr über den Kopf heben. Es war sehr mühsam. Was uns noch sehr aufhielt war, dass wir nicht alles, was wir brauchten, gleich kaufen konnten. Mein Mann war Taxilenker, ein Taglöhner. Es gab am Morgen immer nur so viel Geld, wie er in der Nacht zuvor verdient hatte. Niemand wusste im Vorhinein, wieviel das sein konnte. Wir hatten am Anfang viele Helfer, aber immer hieß es wir brauchen dies, kaufe das und wenn wir das nicht konnten, dann ging eben nichts weiter.

Mittlerweile hatten wir in Wien bis auf die Möbel alles eingepackt. 250 Bananenkartons standen am Dachboden aufgeschlichtet.

„Bist du sicher, dass der Dachboden das Gewicht auch aushält?" fragte ich meinen Mann

„Mach dir keine Sorgen deswegen," beruhigte er

mich „früher wurde hier das Getreide gelagert, und das waren Tonnen!"

Es waren nur mehr zwei Tage bis zur Übersiedlung. Die Küche war noch immer nicht ausgemalt, darum wollte ich die letzten Tage dafür nützen. Wir gingen über den Hof, ohne uns genau umzusehen, sonst wäre uns aufgefallen, dass der Fußbodenbelag draußen lag und die Bodenbretter. Aber bei all den Haufen, die draußen herum lagen, fiel einer mehr gar nicht auf. Ich hüpfte die zwei Stufen hinauf ins Haus und wäre beinahe abgestürzt. Im letzten Augenblick hielt ich mich am Türrahmen fest. Überraschung! Dort, wo gestern noch die Küche gewesen war, war eine einen halben Meter tiefe Grube, in der ein junger Mann stand, der mit einem Rechen den Schotter ebnete.

„He, was ist da los?" rief mein Mann entsetzt.

„Wir haben das Linoleum aufgehoben und gesehen, dass die Bretter schon total vermodert sind, aber macht euch keine Sorgen. Ihr kriegt einen neuen Boden. Morgen kommt der Betonmischer und leert einen Fertigbeton hinein und wenn der trocken ist, könnt ihr einziehen!"

„Und wie lange dauert das, bis er trocken ist?" fragte ich.

„Cirka vier bis sechs Wochen!" kam die Antwort.

„Aber wir übersiedeln doch am Samstag! Wie sollen wir denn ins Haus kommen?"

„So schlimm ist es nicht. Nach acht Stunden ist der Boden begehbar."

Ich seufzte, teils erleichtert, teils bestürzt. Es gab kein Schlafzimmer, kein Wohnzimmer, das Badezimmer war nicht fertig geworden, und nun gab es auch keine Küche. Außer einem Raum für die Kinder gab es gar nichts.

Es hatte keinen Sinn, sich aufzuregen. Im Gegenteil. Der Estrich war ein Geschenk. Wir mussten dankbar sein. Wir waren es auch, aber es erschwerte unsere Lange ungemein.

Ich atmete tief durch. Nun galt es, das Beste aus dieser Situation zu machen.

Mein Mann half mir, auf der überdachten Veranda eine Freiluftküche einzurichten. Das war nicht all zu schwierig. Tisch und Bank waren schon vorhanden. Gegenüber trugen wir eine Anrichte, in der ich das nötigste Geschirr unterbringen konnte. Obenauf stellte ich einen Zweiplattenkocher. An der Hausmauer, geschützt vom Blätterdach des Birnbaumes, stand eine alte Holzbank, auf der ich meine Abwasch deponierte. Dort gab es sogar fließendes Wasser; wenn es regnete, konnte man unter der Dachrinne spülen.

Unsere Dusche befand sich gleich nebenan. Da das Badezimmer nicht fertig geworden war, wir uns aber trotzdem waschen mussten, hatte mein Mann eine Gartenbrause um den Stamm des Baumes gebunden. Warmes Wasser gab es halt nur bei schönem Wetter.

„Seid ihr fertig oder zieht ihr ein?" klang es in meinen Ohren, als ich nachts im Bett lag und vor Müdigkeit nicht einschlafen konnte. Ich hatte gedacht, dass wir eben auch nur einziehen würden, aber es war viel schlimmer, wir zogen nur aus.

Schwierige Zeiten

Als wir auf unseren Bauernhof zogen, hörten zwei Dinge auf; das Alltagseinerlei und die Selbstverständlichkeit. Nichts, was anderswo problemlos funktionierte, durfte man hier erwarten. Das begann schon am Tag, bevor wir einzogen.

Der Lastwagen mit dem Fertigbeton, der durch ein Fenster direkt in die Küche geleitet werden sollte, konnte nicht zufahren. Das Starkstromkabel, das von der Hausmauer über den Hof zum Stall gespannt war, war im Weg. Da der Lieferant seine Fuhre aber loswerden musste, breitete man im Hof den alten Küchenbelag auf und entleerte den Betonmischer darauf. Bei einer Grundfläche von circa 24 Quadratmetern war das schon eine ganze Menge. Mit Kübeln und im Kettensystem wurde der Beton mühsam in die Küche getragen. Aber das war noch nicht genug, es begann auch noch zu regnen. Nun konnte man keine Pause machen und warten, bis es wieder schön wurde. Im strömenden Regen wurde weiter gearbeitet, und damit die Masse nicht verwässert wurde, musste sie zugedeckt werden. Natürlich dauerte diese Arbeit viel länger als geplant. Die Helfer, die sich eine bestimmte Zeit dafür freigehalten hatten, konnten nicht alle bleiben, und so dauerte es noch länger, bis der letzte Kübel Beton in das Haus getragen wurde. Völlig erschöpft kam mein Mann nach Hause, dabei stand uns der schlimmste Tag erst bevor; am nächsten Tag übersiedelten wir.

All die Wochen und Monate zuvor hatten wir, bis auf wenige Tage, schönes Wetter gehabt. Im

Februar hatte es zwanzig Grad gehabt, als ich im Garten begonnen hatte, die Bäume auszuschneiden. Im Mai und im Juni hatten wir hochsommerliche Temperaturen gehabt, eine Woche war schöner als die andere gewesen. Wir hatten gehofft, dass wir im Juli bei unserer Übersiedlung die Möbel nicht durch den Regen tragen würden müssen, aber es blieb uns nicht erspart.

Zwei Tage lang taten wir nichts anderes, als Kästen und Regale zu zerlegen, den Lastwagen zu beladen, in Seebenstein wieder alles auszuräumen und wieder nach Wien zu fahren. Mein Mann fuhr auch noch selbst. Am Sonntag nach Mitternacht wurde die letzte Fuhre ausgeräumt. Um nicht im Dunkeln zu stolpern, hatten wir im Hof eine Stehlampe aufgestellt und ich rechnete jeden Augenblick damit, dass wir einen Kurzschluss haben konnten, denn es regnete noch immer. Schließlich hatten wir alle Möbelteile in der Scheune untergebracht und am Dachboden standen 250 Bananenkartons!

Die Kinder hatten Ferien, und ich hatte mir Urlaub genommen, um im Haus weiter arbeiten zu können, aber wir konnten nicht. Das Thermometer fiel und fiel. Mitten im Sommer hatten wir plötzlich nur mehr zehn Grad.

„Ich weiß nicht, was du hast", sagte mein Mann, „Es ist ein warmer Wintertag!"

„Oh, vielen Dank, aber im Winter bin ich halt wärmer angezogen. Außerdem kann man gegen die Kälte einheizen", entgegnete ich.

„Was hindert dich daran, im Sommer den Ofen anzuheizen?"

Ich schüttelte den Kopf. „Das wird wenig bringen,

wenn die Heizkörper abgehängt sind."

Wir saßen im einzigen bewohnbaren Raum. Der kleine elektrische Ventilator konnte das Zimmer nicht genügend aufheizen, darum bügelte ich, und wir legten uns die warme Wäsche auf den Schoß. Schwierige Zeiten hatten begonnen.

Wenn es ganz schlimm kam, dann fiel auch noch der Strom aus, und es gab nicht einmal was Warmes zu Essen.

Obwohl wir nicht zimperlich waren, hatten wir nicht die Härte, bei diesen Temperaturen im Freien zu duschen. Außerdem war uns ohnehin schon kalt, und wir hatten Sehnsucht nach Wärme. Wir durften bei Bekannten baden. Zwar waren wir dort wirklich willkommen, aber uns selbst war das unangenehm. Wir legten uns ins Zeug, um die Wohnqualität so schnell wie möglich zu verbessern.

Wenn mein Mann gefragt wurde, wo wir wohnten, sagte er unsere Adresse. Wenn ich gefragt wurde, gab ich zur Antwort: „in Hinterholz 9".

Unverständlich

Als wir nach Seebenstein gezogen waren und in unserem Bekanntenkreis publik wurde, dass wir einen Bauernhof erworben hatten, bekamen wir Möbelangebote von allen Seiten. Wir hätten drei Häuser damit einrichten können, aber vorerst mussten die Räume bewohnbar gemacht werden. Unser Inventar aus Wien wurde samt und sonders, in Einzelteilen zerlegt, hierher gebracht. Anfangs war alles wunderbar geschlichtet in einem Raum untergebracht, in dem meine Mutter wohnen sollte. Als mein Schwager kam, um ihr Zimmer herzurichten, musste alles wieder umgeschlichtet werden. Eile war geboten, und so wurden nicht mehr alle Teile so abgelegt, wie sie gestanden hatten, sondern nach Platzangebot hier und dort. Als wir dann nach einem halben Jahr unsere Möbel wieder aufstellen wollten, vermissten wir manche Einlegeböden. Ich konnte die gewohnte Ordnung in den Schränken nicht mehr herstellen, weil ich nicht genügend Fächer hatte. Als ich meinen Mann bat, mir einfach irgendwelche Bretter dafür zuzuschneiden, meinte er „Ich habe dafür jetzt keine Zeit, das kann auch Daniel machen. Wozu hast du einen Sohn!" Irgendwie gab ich ihm recht. So schwer konnte es doch nicht sein, die Kastenbreite abzumessen und dann ein Brett auf diese Länge zuzuschneiden.

Ich gab ihm meinen Zentimeter, den ich beim Nähen benützte. Zum Abmessen reichte er allemal. Daniel maß die innere Kastenbreite. Als er mit dem Maß zur Säge ging, gab ihm Oma ihren Zollstock. Er hatte einst meinem Vater gehört, aber als die metallverstärkte Spitze abgebrochen war und der erste Zentimeter fehlte, hatte er sich einen neuen gekauft, worauf sich meine Mutter seinen alten behielt. Wenn sie etwas zu messen hatte, rechnete sie einfach einen Zentimeter dazu, und alles passte wieder. Leider ließ sie meinen Sohn davon in Unkenntnis, und er bemerkte es nicht. Ich sah ihn wiederholt mit einem Brett durch die Küche ins Zimmer gehen. Es hatte jedes Mal eine andere Farbe, und immer kam er kopfschüttelnd wieder zurück.

„Na, wo ist das Problem?" fragte ich ihn.

„Ich es verstehe es nicht. Ich messe mit dem Maßband den Kasten innen ab, dann nehme ich mir draußen ein Brett, messe es auf dieselbe Länge mit dem Zollstock und wenn ich es einlegen möchte, fällt es herunter."

Dann folgte ein Satz, der von nun an zur stehenden Redewendung wurde, wenn etwas nicht passte:

„Ich habe das Brett schon dreimal abgeschnitten, und es ist immer noch zu kurz!!"

Der Durchbruch

Der älteste Teil unseres Bauernhauses ist etwa vierhundert Jahre alt. Die Mauern wurden nicht mit Ziegeln, sondern mit Steinen gebaut. Im Laufe der Jahre hatte es einige Veränderungen und Zubauten gegeben.

Jener Teil des Hauses, in dem meine Mutter untergebracht wurde, war angebaut und einst an Gäste vermietet worden. Über eine kleine Veranda mit Sitzecke gab es einen separaten Eingang. Das war damals sicher zweckmäßig, für uns jedoch unpraktisch. Wenn mein Mutter zu uns in die Küche oder wir zu ihr gehen wollten, mussten wir immer über den Hof gehen. Dabei war nicht der Weg das Problem, sondern das Wetter und der Umstand, dass meine Mutter auch nachts aufs Klo musste. So beschlossen wir, die Vorzimmerwand vom Haupthaus zum Anbau durchzubrechen.

Alle fanden die Idee gut, aber die Durchführung war problematisch. Unser Vorzimmer war ein kleiner, fensterloser Raum zwischen Küche und Schlafzimmer. Dass die Mauer aus Steinen gebaut war, wussten wir damals noch nicht. Mein Mann zeichnete die Größe des geplanten Durchgangs an und ging danach ans Werk. Er setzte den Meißel an, merkte aber sehr schnell, dass er mit diesem Werkzeug allein nicht weiterkommen würde. Aus der Werkstatt holte er die Flex an und begann zu schneiden. Der kleine, etwa zweieinhalb Quadratmeter große Raum füllte sich in Sekunden mit staubigem Nebel, der ihm nicht nur die Sicht, sondern auch den Atem nahm. Hustend und prustend öffnete Otto die Küchentüre, die offen bleiben musste, bis sich der Staub etwas gelegt und die Lunge wieder Luft atmen konnte. Danach arbeitete er weiter, immer wieder mit Lüftungspausen.

Meine Schwester, die das Kochen übernommen hatte, traf der Schlag, als sie sah, dass die ganze Küche mit einer Staubschicht überzogen wurde. Um Abhilfe zu schaffen, hängte sie ein nasses Leintuch vor die Küchentüre. So lange die Wand jedoch nicht durchgebrochen war, gab es nur zwei Türen, durch die sich der Staub verziehen konnte; eine ins Schlafzimmer der Kinder und eben jene in die Küche.

Da es eine tragende Mauer war, wollten wir den Durchgang so schmal wir möglich halten. Man musste nur durchgehen können, Dass sie sechzig Zentimeter dick war, kam erst später zutage. Richtige Felsbrocken hatte man dafür verwendet, die erst angebohrt und zum Teil zerkleinert werden mussten, ehe man sie aus der Wand brechen konnte. Eine Woche lang hat mein Mann daran gearbeitet. Jeden Tag aufs Neue begann der Kampf gegen den Dreck, denn selbst, als durchgebrochen war, hielt sich der Staub nicht daran, beim Lüften ausschließlich auf die andere Seite zu entweichen. Die Stimmung wurde gereizt. Nicht nur beim Essen knirschte es manchmal zwischen den Zähnen. Doch eines Tages war es geschafft. Das Loch war zwar wegen der ausgebrochenen Steine um einiges größer geworden, doch da wir bereits eine kleine Zarge und Türe besorgt hatten, wurde der Durchgang wieder auf die geplante Größe zugemauert.

Im Hof hatte sich inzwischen ein beachtlicher

Berg aus Schutt und Steinen abgesammelt. Wohin damit? Ein Abtransport war zu teuer und kam für uns nicht in Frage. Ich erinnerte mich, dass mein Vater in seinem Garten Steine aufeinander geschichtet und bepflanzt hatte. Ich schlug Otto vor, einen Steingarten anzulegen. Er fand Gefallen daran. Der Schutt wurde entlang der Gartenmauer aufgeschüttet. Er half mir, die großen, schweren Brocken aneinander zu passen und karrte Erde heran. Ich gestaltete mit den übrigen Steinen kleine Becken, die ich mit Erde füllte und bepflanzte. Bald begann alles zu blühen und bildete neben den Beerensträuchern einen erfreulich bunten Anblick. Die vorangegangene Mühsal geriet darüber in Vergessenheit.

Der Steingarten wurde im Laufe der Jahre immer wieder verlängert und erstreckt sich nun über eine komplette Gartenseite, die das ganze Jahr über blüht.

Der Saugstauber

Ein Staubsauger ist hochbegehrt
Weil er im Nu den Staub verzehrt
Doch war fatal was mir passiert
Der Filter hat nicht funktioniert
Was dann gescheh`n, wie es gewesen
Könnt ihr in diesen Versen lesen
Wer je im Leben renoviert
Der weiß, dass das sehr staubig wird
Nun war`n die Leitungen verlegt
Nichts wurde mehr gestemmt, gesägt
Der Schutt geräumt, doch, mit Verlaub
Verblieb noch eine Schicht von Staub
Nichts da mit Besen oder kehren
Es sollte gründlich sauber werden
Der Staubsauger schien ideal
Zur Reinigung in diesem Fall
So saugte ich als ersten Schritt
Die Küche vorsichtshalber mit
Und wandte mich ganz angenehm
Von dort aus zu dem Staubproblem
Die graue Stiege ziegelrot
Flugs ihre alte Farbe bot
Der Boden wurde wieder klar
So wie es vor dem Umbau war
Ich blickte auf mein Werk zurück
War es nun Pech, oder war`s Glück
Denn dabei merkte ich, zu spät,
Defekt war leider mein Gerät
Wohl saugt` es an, aber oh Graus
Der Staub kam hinten wieder raus
Ist bis zur Decke hochgedrungen
Der Feuermelder angesprungen

Er blinkte rot und obendrein
Durchdrang sein Piepston Mark und Bein
Wie bringe ich ihn bloß zum Schweigen
Ich musst auf einen Sessel steigen
Ein Handtuch dreh ich immer schneller
Zerteil die Luft, wie ein Propeller
Endlich verstummt der schrille Schall
Jedoch der Dreck liegt überall
Nun war die Küche ziegelrot
Mein Arbeitseifer ziemlich tot
Doch mein Entsetzen tat nichts nutzen
Was blieb mir übrig als zu putzen
Hatte schon so viel Zeit vertan
Und fing von neuem wieder an.

Die ersten Tränen

In meinem bisherigen Leben hatte ich schon einige Schwierigkeiten zu bewältigen. In unserem neuerworbenen Bauernhaus kam auch einiges auf uns zu. Ich passte mich der neuen Situation immer sehr schnell und ohne zu murren an. Verzweiflung und Wutanfälle hätten mich nicht weitergebracht. Im Gegenteil; sie hätten mich geschwächt. Ein einziges Mal jedoch weinte ich.

Meine Schwester war mit ihrem Mann und ihrer Tochter von Norddeutschland zu uns gekommen, um uns zu helfen, den Wohnraum für meine Mutter fertigzustellen. Sie wohnten im Wohnwagen, den sie im Hof abgestellt hatten, denn die Zimmer waren noch im Urzustand. Nachdem wir die Möbel, die wir vorübergehend in ihrem Raum abgestellt hatten, wieder ausgeräumt hatten, begann mein Schwager zu arbeiten. Er verlegte die Stromleitungen und zog eine Holzdecke ein. Meine Nichte malte aus. Als der Fußboden verlegt war, konnte das Zimmer eingerichtet werden. Die Möbel, die meine Mutter für ihr Zimmer bekommen sollte, standen im Wohnzimmer. Das Gewand der Kinder befand sich darin.

Mutters Wohnraum wurde schneller fertig, als ich gedacht hatte. Ich war nicht mehr dazugekommen, den Kasten zu räumen.

Als ich am nächsten Tag von der Arbeit nach Hause kam, war das Zimmer, in dem die Kinder schliefen, fast leer. Ein Stockbett, ein paar Bananenkartons mit Gewand standen am Boden. In der Ecke stand mein großer Wäscheständer. Darauf hingen all die großen, schönen Kleidungsstücke, die eben hängen sollten um nicht zu zerknittern, wie mein weißes Ballkleid aus Organza, meine langen Röcke, die Abendkleider, die Anzüge meines Mannes, unsere Wintermäntel und nun auch die Kleider und Mäntel der Kinder. Der Kleiderkasten, der Sekretär und die Spiegelkommode standen bereits in Mutters neuem Zimmer. Ich freute mich für sie.

Als ich am nächsten Morgen die Kinder weckte, gab es eine böse Überraschung. Der Kleiderständer hatte das zusätzliche Gewicht nicht mehr bewältigen können und war zusammengebrochen. Alles lag am Boden, der durch die Bauarbeiten und den Schmutz, der herumgetragen wurde, übel aussah. Da brach auch ich zusammen. Das Waschen mit der Waschmaschine war zu diesem Zeitpunkt ohnehin nur unter erschwerten Bedingungen möglich und einen Großteil davon konnte ich gar nicht selbst reinigen, sondern musste ihn zur Putzerei bringen. Ich lief auf den Dachboden, legte mich auf die Couch neben meinen Mann und ließ meine Tränen freien Lauf. Ich weinte so bitterlich, dass Otto davon wach wurde.

„Was ist denn passiert?" fragte er aufgebracht.

Ich schilderte ihm, was geschehen war. Dass mich das bisschen Wäsche so aus der Fassung gebracht hatte, entsetzte ihn. Das konnte nicht der alleinige Grund sein für meinen Kummer.

Er hatte Recht. Es war nicht dieses Problem alleine gewesen. „ … nichts Spezielles … einfach alles …", heißt es in einem Lied von Erika Pluhar. Es war einfach zu viel gewesen.

Mein Mann tröstete mich.

„Wir haben schon sooo viel überstanden, wir

werden auch das überstehen, oder?" fragte er und wischte mir die Tränen von den Wangen.

„Du wirst sehen, es wird alles gut werden. Mach dir keine Sorgen!" sagte er.

Ich nickte. „Ich habe gesagt: Mach dir keine Sorgen!" wiederholte er. Ich wusste, auf welche Antwort er wartete und musste lächeln.

„Ich mach mir keine Sorgen"

„So ist es recht. Alles wieder gut?"

Ich nickte, deckte ihn fürsorglich zu und ging wieder an meine Arbeit.

Die ersten Haustiere

Auf einen Bauernhof gehören Tiere. Immer wieder versprachen wir unserer Tochter, dass wir dort Tiere haben konnten. Natürlich keine Kühe, Pferde oder Schweine, aber Hühner, Hasen, Hund und Katze würden wir schon unterbringen. Allerdings mussten sie warten, bis wir selbst einmal dort wohnen konnten.

Wenn die Natur so nah ist, sieht man viele Dinge, die einem vorher nicht aufgefallen sind. Rundum gab es Tiere. Im Garten tummelten sich alle Arten von Vögeln und Eichhörnchen. Meine Tochter wollte unbedingt, dass sie kamen und von ihrer Hand fraßen. Sie zerkleinerte Nüsse, legte sie in ihren Handteller. Stundenlang stand sie mit ausgestrecktem Arm im Garten und wartete.

Die Eichhörnchen kamen nicht, aber die Meisen. Ein Kohlmeisenpärchen getraute sich, die dargebotenen Leckerbissen zu holen und als sie Junge hatten, kam auch der Nachwuchs, so dass eine Hand zu klein wurde und wir beide Hände voll zu tun hatten.

Aber es gab noch andere Tiere rund ums Haus. Dass die Mäuse hinter meinem Kopf über das Kissen liefen, daran hatte ich mich gewöhnt, waren sie doch quasi die Ureinwohner und wir die Eindringlinge. Doch hörte ich nachts noch andere Geräusche, die ich nicht zuordnen konnte, darum machten sie mir Angst. Ich hatte die Taschenlampe neben meinem Bett, doch wenn ich in den dunklen Hof hinunter leuchtete, konnte ich nie etwas Außergewöhnliches entdecken. Eines Nachts wurde ich wieder wach, weil ich etwas gehört hatte. Leise setzte ich mich auf und blickte aus dem Fenster. Mein Herz klopfte, dass ich meinte, man müsste es bis nach draußen hören. Ganz schwach nur konnte ich einen länglichen dunklen Schatten sehen, der auf dem großen Ast von unserem Birnbaum entlang huschte. Ich knipste kurz die Taschenlampe an. Im hellen Lichtschein sah ich den weißen Fleck und darüber zwei kleine Augen aufleuchten. Ein Marder. Eh ich mich versah, war er schon wieder verschwunden. Nun, da ich es wusste, fürchtete ich mich nicht mehr. Ich hörte ihn noch oft kommen und gehen. Er wohnte gleich vis a vis über dem Pferdestall und so lange er da hauste, war es wohl klüger, auf die Haltung von Hühnern zu verzichten.

Vor den Ferien war meine Tochter auf einer Schullandwoche gewesen und danach in einem Ferienlager gemeinsam mit anderen Jugendlichen von unserer Kirche. Von irgendwo hatte sie sie mitgebracht. Heimlich und unbemerkt waren sie ins Haus gelangt, hatten sich in unseren Betten breit gemacht und auf den Haarbürsten eingenistet. Unsere ersten Haustiere waren LÄUSE!!!!!

Die Geschichte mit dem Esel

Immer wieder, wenn wir in den Räumen etwas verändern wollten, sei es, dass wir renovierten, erneuerten oder neuen Platz schaffen wollten, mussten wir erst einmal umräumen. Wir bekamen im Laufe der Zeit große Übung. Dieses Mal war der Dachboden dran. Ich wollte meine Bettwäsche endlich in einen Kasten schlichten. Der einzige Ort, wo ich ein Möbelstück aufstellen konnte, war am Dachboden. Bei dem Glück, das wir hatten, stand der einzige Kasten mit den Einlagebrettern in der Scheune ganz hinten an der Wand. Es gab keinen Platz, die darin befindlichen Möbel woanders hinzustellen, wir mussten alles in den Hof hinaus schleppen. Die untere Plattform eines alten, hölzernen Rollcontainers war alles, was wir an Hilfe zur Verfügung hatten. Ein dickes Kabel diente als Zugseil. Mein Mann lud auf, ich war das Pferd. Den Kasten über den Hof zu ziehen, das ging ja noch, aber als wir ihn über die steile Treppe hinauf heben mussten, hatte ich Probleme. Immer wieder setzte es mich nach rückwärts auf die Stufen.

„Was ist denn los? Warum gehst du denn nicht weiter?" fragte er schon leicht verärgert.

„Du schiebst so stark an", keuchte ich.

„Ich schieb überhaupt nicht", entrüstete er sich, „ich hab gerade mal den Fuß aufgehoben."

Der Größenunterschied machte mir zu schaffen, und da ich nach oben voraus ging, war der Effekt gleich noch stärker.

„Das genügt völlig", stöhnte ich. „Wenn du deinen Fuß nur aufhebst, muss ich schon zwei Stufen hinauf gehen."

Der Kasten stockte und begann leise zu zittern. Ich blickte um die Ecke der Seitenwand und sah, dass er lachte.

„Stöh oh, stöh oh!" rief er, ehe er das schwere Stück niedersinken ließ.

Der Film mit Hans Moser als Gepäckträger viel mir plötzlich ein. „Ehhhhhh hup" rief ich als mein Mann den Kasten wieder anhob. Er kam nicht mehr dazu zu sagen „Losst´s ´n oh! Losst´s ´n oh", denn schon polterte das schwere Stück auf die Treppe.

Danach war es viel schwieriger, den Kasten hinauf zu tragen, weil wir wegen meiner Aussage immer wieder lachen mussten.

Als wir es endlich geschafft hatten, warteten im Hof die restlichen Möbel darauf, wieder in die Scheune gebracht zu werden.

Während er schleppte und sich mühte, die einzelnen Teile auf den fahrbaren Untersatz zu heben, sprach er das aus, was ich mir zuvor schon gedacht hatte.

„Ich weiß nicht, warum du unbedingt noch Tiere haben musst, es gibt eh schon zwei; ich plage mich mit den Lasten wie ein Esel und du ziehst wie ein Pferd."

Da kam mir auf einmal das Märchen von Tischlein deck dich in den Sinn, mit dem Goldesel. Das Ziehen klappte ja ganz gut, sagte ich mir, aber das mit dem „Strecken" wo danach das Gold herunter fiel, das musste er noch üben ...

Durchhalten! Durchhalten!

„Packt alle einen Koffer mit Gewand für zwei Wochen, so, als wenn wir in Urlaub fahren würden", sagte mein Mann, als wir begannen, unsere Habseligkeiten zu packen, um aufs Land zu ziehen.

„Es wird einige Zeit dauern, aber wenn das Wetter schön ist, brauchen wir eh nicht viel Gewand."

Gehorsam packten wir jeder einen Koffer, ahnungslos und voller Optimismus, dass unser Ausnahmezustand nicht lange dauern würde.

Nachdem wir völlig unvorbereitet aus unserer Wohnung in Wien auszogen, um sie einem der Söhne meines Mannes zu überlassen, hieß das im Klartext: es gab kein Badezimmer, kein Schlafzimmer, kein Wohnzimmer und keine Küche. Der einzige bewohnbare Raum war ein kleines Kabinett, in dem wir die Kinder unterbrachten.

Mein Mann und ich schliefen am Dachboden neben 250 Bananenkartons. Unsere Dusche bestand aus einer Gartenbrause, die wir im Hof um den Stamm des Birnbaumes gebunden hatten. Die Küche war unter der überdachten Veranda untergebracht. Die Waschmaschine stand im Freien und konnte nur bei schönem Wetter in Betrieb genommen werden.

All die Arbeit, die zu machen war, konnte nicht in zwei Urlaubswochen bewerkstelligt werden, wenn man sich keine Handwerker leisten konnte und alles selbst machen musste.

In dieses Tohuwabohu kam noch meine Mutter mit Sack und Pack aus dem Heim. Entgegen unserer

Vereinbarung wollte sie nicht mehr warten, bis ihr Zimmer fertig war, und zog bei den Kindern ein.

Als erstes musste ihr Zimmer renoviert werden. Die Küche wurde betoniert und das Badezimmer. Mutters Wohnraum wurde als erstes fertig.

Bis wir im Schlafzimmer die neuen Stromleitungen verlegt und den Boden betoniert hatten, wurde es September. Bis dahin hatte es nur Bretter über dem Sand gegeben. Die Bekleidung in meinem kleinen Koffer war schon lange nicht mehr zeitgemäß. Es war kühl geworden. Ich hatte die Kartons mit Namen und Inhalt und auch Sommer und Winter beschriftet gehabt, aber verrückt, wie das Wetter halt so war, brauchte ich mal das eine, mal das andere. Zudem hatte die Schulzeit begonnen. Die Kartons wurden hin und her geschlichtet, und auch der Inhalt geriet aus der Ordnung. Bald wusste ich nicht mehr, wo was war.

Als der Betonboden im Schlafzimmer trocken war, wollte mein Mann vom Dachboden herunterziehen. Aber auch die Kinder sollten einen ordentlichen Fußboden haben. Wenn es regnete, drückte sich das Wasser vom Boden durch die Holzbretter. Ich verzichtete auf den sofortigen Umzug, und wir quartierten die Kinder in unser Zimmer ein.

Obwohl wir am Dachboden Decken und Tuchenten zum Zudecken hatten, wurde es allmählich kalt. Die Kälte kam vom Boden.

Die Bauersleute hatten einst begonnen, für ihre Tochter ein Dachzimmer herzurichten. Es wurden Bretter und Schilfmatten an die Dachsparren genagelt, mit Putz angeworfen und übermalt. Aber es fehlte die Wand, um den Raum vom übrigen

Dachboden abzuschließen. Um zu verhindern, dass sich die Tauben dort einnisten konnten, hatte man ein Drahtgitter befestigt. Es gab sogar eine kleine Gittertüre, aber diese Abgrenzung vom übrigen Dachboden konnte die Kälte nicht ausschließen.

„Na gut", sagte mein Mann „Wenn wir auch das Kinderzimmer betonieren, heißt das, dass wir noch zwei Monate länger hier oben schlafen werden. Dann brauchen wir aber ordentliche Betten!"

Wir räumten um, stellten die Pritschen, die unterm Fenster gestanden hatten, weg. Puh, dahinter hatten die Mäuse gehaust! Gehört hatte ich sie ja immer und auch gespürt, wenn sie hinter meinem Kopf über das Kissen gelaufen waren. Wir schlichteten auch einen Teil der Kartons weg und stellten richtige Betten unter der Dachschräge auf. Mein Bruder hatte mir bei seinem letzten Besuch Matratzen geschenkt. Die waren herrlich dick und warm. Unter jedes Leintuch legte ich noch eine Heizdecke.

„Nun, Winter, kannst du kommen", sagte ich großspurig und rieb mir die Hände. Die Winter davor waren nicht besonders kalt, und so sah ich den Zeiten gelassen entgegen.

Weit gefehlt ... bereits Mitte November fiel der erste Schnee. Es wurde so kalt, dass er liegenblieb und mit jedem Tag wurde es kälter. Die einfach verglasten Fenster waren so dick zugefroren, dass man nicht mehr durchsehen konnte. Wenn ich abends schlafen ging, war das Kopfkissen so eisig, dass ich mich nicht darauf legen konnte. Ich kroch ganz unter die Decke, legte meine Wange auf das Leintuch und ließ nur die Nasenspitze hinausragen. Mein Gewand legte ich am Fußende zwischen Decke und Tuchent, damit es nicht gar so kalt war, wenn ich es am nächsten Morgen wieder anzog. Im Laufe der Nacht, wenn mir warm wurde, rückte ich Stück für Stück das Kopfkissen hinauf. Wenn ich in der Früh aufwachte, lag dort, wo ich ausgeatmet hatte, der Reif auf der Decke.

Aber jeder überstandene Tag brachte uns dem Ziel ein Stück näher, und trotz der haarsträubenden Zustände wurde niemand krank.

Das Zimmer von den Kindern wurde fertig. Die Möbel wurden aufgestellt und als sie ihre Sachen alle umgeräumt hatten, konnten wir unser Schlafzimmer fertig machen. Ich freute mich schon darauf, in einem warmen Zimmer zu schlafen. Auch darauf, dass es ruhiger sein würde, denn man hörte alle Geräusche von der Straße. Ich brauchte keine Uhr mehr, um zu wissen, wie spät es war. Immer zur selben Zeit kam das Milchauto vom Bauern. Ich wusste sogar, wie oft die Pumpe schnaufte, bis alles abgesaugt war, danach kam der Zeitungslieferant, dann fuhr der erste Zug und so weiter ...

Ich freute mich auch darauf, endlich meinen Kasten einzuräumen und wieder einmal etwas anderes anziehen zu können. Seit Wochen hatte ich am Sonntag immer dasselbe Gewand angehabt. Ich hatte es abends ausgezogen, gewaschen, aufgehängt und am nächsten Sonntag wieder angelegt.

Anfang Dezember wurde unser Zimmer ausgemalt. Der Teppichboden wurde verlegt. Ich konnte es kaum fassen. Am Feiertag, einen Tag vor unserem Hochzeitstag, wurde der Kasten aufgestellt, die Betten herunter getragen und ich konnte in einem Zimmer schlafen.

Nein, ich konnte nicht. Nach diesen Monaten in der Kälte war mir die Wärme so ungewohnt wie die Stille. Aber ich war glücklich, dass wir es geschafft hatten. Ich war stolz auf meinen Mann, was er geleistet hatte und er war stolz auf mich, dass ich diese schwierige Zeit durchgehalten hatte, ohne zu murren und zu klagen.

Am darauffolgenden Sonntag hatten wir ein kleines Problem.

„Was ist los mit dir?" Fragte mein Mann „du warst sonst immer als erste fertig angezogen? Wo liegt das Problem?"

Seufzend öffnete ich zum x-ten Mal den Kasten blickt hinein schüttelte den Kopf und sagte hilflos "Ich weiß nicht, was ich heute anziehen soll?!"

Der gordische Knoten

Die größten Probleme auf unserem Bauernhof, die wir von Anbeginn hatten, waren Stromprobleme.

Zum einen gab für unsere Bedürfnisse zu wenig Steckdosen, zum anderen brannte täglich eine Sicherung durch.

Anders als die Altbäuerin, die hier gelebt hatte, hatten wir viel mehr elektrische Geräte in Verwendung. Dem Manko an Stromanschlussstellen verschafften wir Abhilfe mit unzähligen Mehrfachsteckern und Verlängerungskabeln. Dem waren aber die bestehenden Leitungen nicht gewachsen. Bis neue Kabel verlegt und der Sicherungskasten mit Schutzschaltern ausgestattet war, hatten wir täglich zu kämpfen. Leider endeten unsere Stromprobleme auch danach nicht. Noch immer fiel täglich der Strom aus und zumeist an den Tagen, wenn ich zu Hause war.

„Was machst du? Ich habe nie Probleme! Das ist immer nur wenn du zu Hause bist!'" beklagte sich mein Mann.

Was machte ich? Ich erledigte an meinen freien Tagen die Hausarbeit; ich wusch, bügelte, saugte Staub, und wenn ich zum Kochen den E-Herd einschaltete, gab es einen Kurzschluss. Nachdem das einige Male der Fall gewesen war, kamen wir zu dem Schluss, dass der Herd defekt sein musste. Wir gaben ihn weg und schlossen einen anderen an. Immer, wenn wir ein Gerät einschalteten und danach der Strom ausfiel, dachten wir, dass jener Mehrfachstecker oder jenes Verlängerungskabel nicht in Ordnung waren und tauschten sie aus. Auf diese Weise entsorgten wir drei E-Herde, einen Staubsauger, einen Kühlschrank, mehrere Kabeltrommeln, ein Bügeleisen, einen Haartrockner, zwei Radiatoren, einen Heizlüfter, den Heizstrahler vom Badezimmer, zwei Heißwasserspeicher, ein paar Lampen und einiges an Verlängerungskabeln und Mehrfachsteckern. Die Freude über die Problembehebung war aber immer nur für kurze Zeit. Irgendwo lag es im Argen, aber wir konnten nicht herausfinden wo die Ursache war, bis es einmal richtig knallte.

Als das passierte war, wie konnte es anders sein, tiefster Winter. Ich war krank, und der Strom fiel wieder mal aus. Es war später Vormittag und nicht nur der Herd blieb kalt, ich musste auch den Zentralheizungsofen ausgehen lassen, der sich ohne Pumpe überhitzt hätte.

Als Otto aufstand und sich der Strom auch von ihm nicht einschalten ließ, blieb ihm nichts anderes mehr übrig, als das E-Werk anzurufen, dass sie einen Mitarbeiter schickten. Das Problem konnte nicht bei uns liegen, sondern bei der Generalsicherung. Der Kasten befand sich am Haus auf der gegenüberliegenden Straßenseite. Der Arbeiter von der Elektrizitätsanstalt hatte einen großen Lederhandschuh an, der bis über den Ellenbogen reichte, und als die Verbindung zu unserem Stromanschluss wieder herstellen wollte, gab es einen lauten Knall und der Mann wurde zurückgeschleudert.

„Hier mache ich gar nichts!" sagte er. „Das Problem liegt auf Ihrer Seite. Lassen Sie einen Elektriker kommen und beheben Sie es. Vorher rühre ich hier gar nichts mehr an!"

Es war Freitag! Wo um Himmels Willen kriegt

man am Freitag am Nachmittag noch einen Elektriker?

Wir hatten Glück. Es war tatsächlich ein Notfall und so kam der Elektriker, allerdings erst am nächsten Tag.

Als ich ihm von unseren Stromproblemen berichtet hatte, sah er sich erst mal den Sicherungskasten an.

„Sieht alles in Ordnung aus", meinte er. „Die Kabelverbindungen könnten stärker sein!"

„War der Kasten schon da?" fragte er mich.

„Ja, aber anfangs waren zur drei Sicherungen da; eine für den Starkstrom und zwei normale! Es waren nur zwei Leisten, die anderen wurden neu dazugelegt."

Er schraubte die bestehenden Verbindungen auf und ersetzte die Kabel durch stärkere.

Auf dem Holzbrett daneben war der Zählerkasten montiert. Es war schon ein altes Gerät, das bei dieser Gelegenheit ausgetauscht werden sollte.

Der Elektriker entfernte die Schrauben und nahm ihn ab. Ehe er den neuen Zähler befestigte, meinte er: „Mal sehen, wie es dahinter aussieht", und begann auch das hölzerne Brett abzuschrauben. Ich fragte mich, ob das wirklich nötig war, aber ich schwieg.

Als er die Holzplatte abnahm, kam das Dilemma zu Tage: die uralten Stromleitungen waren dahinter zu einem Knäuel zusammengeschmolzen.

Nun löste sich das Rätsel, warum die Stromprobleme immer nur bei mir auftraten. Wenn ich am Vormittag meine Hausarbeit machte, brachte ich die Leitungen schon zum Glühen. Durch die Wärme dehnten sie sich aus, dann berührten sich die Drähte und verursachten einen Kurzschluss. Meinem Mann, der als Nachtarbeiter am Vormittag schlief, konnte das nicht passieren. Während der Suche nach dem Übeltäter für den Stromausfall, kühlten die Leitungen wieder ab. Wenn wir danach ein anderes Kabel oder Gerät angeschlossen hatten und es wieder klaglos funktionierte, so konnte nur das vorherige Ding schadhaft gewesen sein.

Der Elektriker nahm eine Zange zur Hand und zwickte das verknäuelte Kabel einfach ab. Alexander der Große kam mir in den Sinn und der gordische Knoten. Hier kam allerdings kein Schwert zum Einsatz, es genügte eine Zange. Mit Schaudern dachte ich an all jene Dinge, die wir für die Ursache unserer Stromprobleme gehalten und ausrangiert hatten, allen voran mein toller Vier Platten-Herd mit Zeitschaltuhr!

Mit einem tiefen Seufzer schob ich die Erinnerung daran weg. „There is no use crying over spilt milk" (Es hat keinen Sinn über verschüttete Milch zu weinen) und ich tröstete mich mit der Gewissheit, dass mir derlei in Hinkunft erspart bleiben würde.

Beständig

Beständigkeit ist seine Stärke
Gegen des Winters kalte Last
Und eine Sehnsucht nach dem Werke
Des Frühlings hat den Mensch erfasst

Beständig nagen Sonnenstrahlen
An braunen Flecken, harschem Schnee
Vom Eis befreit wie von den Schalen
Blinkt nun das Wasser von dem See

Beständig drängt durch Erd und Wiesen
Der Knospen erster, zarter Reis
In Flur und Gärten wieder sprießen
Die Blüten bunt und auch in weiß

Beständig kürzt die Zeit die Stunden
Der Nacht und fügt sie zu dem Tag
Der Winter beugt sich, überwunden
Auf dass der Frühling kommen mag

Wiedersehen

Ich habe gesehen dass du da bist
Und bin hinausgegangen
Als ich aus der Tür trat
Umarmtest du mich

Ich spürte deine Wärme
Auf meinem Gesicht
Sie durchdrang mein Gewand
Und wärmte meine Brust

Ich wendete mich
Um auch meinen Rücken zu wärmen
Dein sanfter Atem
berührte meinen Nacken

Die Kleider wollte ich mir
Vom Leib reißen
Um dich auf meiner
Nackten Haut zu fühlen

Unverkennbar
war dein Geruch
Und der Klang deiner Stimme
Weckte Erinnerungen

du Treuer und doch Treuloser
du kommst stets wieder
doch nie bleibst du
dennoch bist du willkommen
denn du bist der Frühling

Frühling

Frühling ist eine schöne Zeit
Das Jahr schenkt uns ein neues Kleid
Die Wiesen werden wieder grün,
Die Blumen fangen an zu blüh`n

Der alte, graue Schnee zergeht,
Ein leises Frühlingslüfterl weht,
Es gluckst der Bach, es tropft vom Dach,
Die Tiere werden wieder wach

Die Vögel zwitschern froh und laut,
Als wollten sie uns sagen „Schaut,
der Frühling kommt, wie jedes Jahr,
mit Blüten, Düften wunderbar!"

Mutter Natur deckt uns den Tisch
Mit Blättern, Blumen, Kräutern frisch
Mit neuen Knospen, zartem Gras,
Zum Freuen gibt`s für jeden was

Es dankt das Auge und das Herz,
Der Blick richtet sich himmelwärts
Weil über unser`m Horizont
Der Schöpfer dieses Wunders wohnt

Aus Liebe zu Dir

Es war schon weit nach Mittag, als wir nach Hause kamen. Das Essen war schnell zubereitet, doch bis wir gegessen hatten, war es drei Uhr Nachmittag. Otto legte sich gleich nach dem Essen nieder. Ich räumte das Geschirr weg und brachte die Küche wieder in Ordnung. Und nun? Es war ein schöner, sonniger Tag, aber im Innenhof, umrahmt von den hohen Dächern der Scheunen, war die Sonne schon verschwunden. „Schade, dass Otto die schönste Zeit des Tages verschläft", dachte ich. „Wenn die Sonne scheint, ist es richtig mild, genau richtig, um spazieren zu gehen!" Aber heute machte es mir nichts aus, denn ich war müde. Es zog mich nicht hinaus. Was sollte ich tun? Für den Mittagsschlaf war es mir schon zu spät, um ins Bett zu gehen, war es noch zu früh. Oder sollte ich doch?

„Ach was", dachte ich mir „ich mache mir einen guten Kakao und esse ein paar Kekse dazu, dann habe ich dieses Tief wieder überwunden!"

Ich bereitete mir eine Tasse zu und nahm meine Rätselzeitung, um daneben noch ein paar Denkaufgaben zu lösen. Sehr schnell bemerkte ich, dass auch mein Kopf für derlei Gehirnakrobatik nicht bereit war.

„Na gut", sagte ich zu mir selber, „ich lege mich ein wenig hin, aber nur in der Küche, auf die Bank."

Gerade, als ich mich dazu anschickte, meine Jacke als Kopfpolster zusammenzurollen, kam Otto daher.

„Na, was ist, machen wir einen kleinen Spaziergang miteinander?"

Das war ungewöhnlich, denn normalerweise versuchte er, den Sonntagsspaziergängen durch Mittagsschlaf zu entgehen, selbst wenn wir Besuch hatten.

Eigentlich hatte ich keine Lust, aber wenn ER es mir vorschlug, so musste ich einfach die Gelegenheit ergreifen. Ich wollte ihn nicht enttäuschen, und so sagte ich einfach „Ja, gut!"

Ich ging ins Vorzimmer, zog mir die Schuhe an und nahm die Jacke von der Garderobe. Otto war schon angezogen und kämmte sich noch die vom Kissen zerzausten Haare.

Hand in Hand gingen wir zum Tor hinaus. Die Sonne war schon ziemlich tief, und dort wo ihre wärmenden Strahlen nicht mehr hinkamen, war es schon wieder empfindlich kühl, kälter als ich gedacht hatte.

„Weißt du", begann ich „heute, als du mich gefragt hast, ob wir miteinander spazieren gehen, hatte ich erstmals keine Lust."

Mein Mann blieb stehen. „Echt?" fragte er. Ich nickte.

„Ehrlich gesagt, ich hatte auch keine Lust, aber es war so ein schöner Tag und ich weiß, dass du gerne spazieren gehst. Darum habe ich mich aus dem Bett gequält, um dir eine Freude zu machen!"

„Und ich habe mir gedacht, wenn du nach langer Zeit einmal wieder bereit bist, kann ich dich nicht enttäuschen. So haben wir beide aus Liebe zum anderen etwas gemacht, was keiner von uns beiden wirklich wollte."

„Das kann man ja wieder ändern", meinte Otto

Wir lachten, umarmten und küssten uns mitten auf

dem Gehsteig und gingen dann die fünfzig Meter
die wir schon gegangen waren wieder zurück und
dann taten wir das, was wir wirklich wollten ...

Mutter, du kannst ein Pferd haben

Seit ich ein kleines Mädchen war, zählten Pferde zu meinen Lieblingstieren. Als Dreijährige nahm mich die Frau Gräfin mit auf ihrer Stute und setzte mich vor sie auf den Sattel. Sie hielt mich mit einem Arm, und ich krallte meine Fingerchen in die lange Mähne des Pferdes. Ich spürte dieses Durchschwingen des Körpers vom Scheitel bis zu den Zehenspitzen, das man nur am Pferderücken erleben konnte, und meine große Liebe war erwacht. Als wir im Trab ritten, wurde ich ordentlich durchgeschüttelt, aber als wir in den Galopp übergingen, wollt ich gar nicht mehr aufhören. Am Anfang der Koppel stand eine Reihe von Kindern, die auch dran kommen wollten, und so musste ich wieder absitzen. Als die Frau Gräfin fortzog, weil ihr Mann in Pension ging, gab es kaum mehr Gelegenheit zum Reiten. Manches Mal, wenn ich mit meinem Vater zu den Bauern mitfuhr und es gab dort ein Pferd, durfte ich im Stall auf seinem Rücken sitzen, und wenn es dabei nur von einem Fuß auf den anderen stieg, war ich schon glückselig.

Mein Vater hatte mir Reitstunden versprochen, wenn meine Noten entsprechend waren, aber sie waren nie gut genug. Dann kam Winnetou, den ich anhimmelte, und meine Sehnsucht war von neuem entfacht. Von meiner Tante bekam ich zur Firmung Reitstunden geschenkt. Mein Reitlehrer konnte nicht glauben, dass ich noch nie Unterricht genommen hatte. Ich war ein Naturtalent. Nach der dritten Stunde durfte ich schon an einem Geländeritt teilnehmen. Damit ich nicht gleich wieder alles vergaß, bezahlte mir mein Vater doch ein paar Reitstunden. Es war damals schon teuer und eher den reichen Leuten vorbehalten, und da wir nicht zu den „G`stopften" gehörtcn, war dieses Vergnügen bald zu Ende.

Nun hatten wir einen Bauernhof, sogar einen eigenen Pferdestall, aber es gab keine Koppeln und Wiesen, um Auslauf und Futter für diese Tiere zu haben. Der Kuhstall wurde zur Werkstatt umfunktioniert. Zwei Tage lang mühten sich ein paar junge Männer ab, den betonierten Futtertrog von der Wand abzustemmen, damit man ein Regal hinstellen konnte. Aus dem Pferdestall sollte ein Fitnessraum werden. Natürlich war auch hier der Trog im Weg.

„Tut `s ihn halt weg", sagte mein Sohn.

„Tu nicht so großspurig, du weißt nicht, von welcher Arbeit du sprichst!" ermahnte ich ihn.

„Du kannst gerne mithelfen. Zwei junge Männer haben zwei Tage daran gearbeitet, um den Trog in der Werkstatt abzustemmen, und das waren keine schwachen Brüder."

„Okay, Mama", nickte er und wählte das für ihn kleinere Übel, „Du kannst ein Pferd haben!"

Unser Gustl

Einen Traktor zu haben und damit fahren zu können, das sind zweierlei Dinge. Nachdem sich mein Mann in den Kopf gesetzt hatte, dass er den Traktor unbedingt haben wollte, setzte er alles in Bewegung, um ihn zu kriegen. Er ging zu Erich und sagte: „Ich kaufe deinen Hof in Bausch und Bogen", und er machte ihm ein Angebot, weit über dem Wert, sodass er nicht ablehnen konnte.
Ich war entsetzt. „Bist du wahnsinnig?!" rief ich. „Der ganze Ramsch ist doch nur zum Schmeißen!"
„Ach", wehrte er ab. „da ist sicher einiges an Werkzeug, das ich gebrauchen kann. Hauptsache, der Traktor ist dabei!"
Wir hatten beide Recht. Es war viel Ramsch, es war auch einiges an Werkzeug dabei, nur nicht der Traktor, denn der gehörte seiner Schwester.
Das alte Ding kostete extra. Aber es funktionierte. Erich zeigte ihm, wie man damit umging. Der Rest war reine Übung. So musste er erst lernen, wie man wendete. Vor allem das Reversieren, wenn der Anhänger dran hing, war sehr schwierig. Mein Mann war zu stolz, um jemanden um Hilfe zu bitten. Wenn er es nicht schaffte, mit dem Anhänger in den Schuppen zu kommen, hängten wir ihn ab und schoben ihn unter`s Dach, ehe mein Mann dann mit dem Traktor retour fuhr und den Wagen wieder dran hängte.
Als ich das erste Mal mitfuhr, saß ich auf dem Kotflügel, und wenn ich mich beim Wegfahren nicht angehalten hätte, wäre ich gleich runter gefallen, so ruckartig fuhr er los. Wie der Gust. Ich hatte viele Jahre bei meiner Freundin auf

dem Bauernhof verbracht. Da es nur eine kleine Landwirtschaft war, lohnte es sich nicht, einen Traktor zu haben. Alle Arbeiten wurden mit dem Pferd erledigt. Gemäht hatte der Vater meiner Freundin mit einem Balkenmäher, der mit der Hand gefahren wurde, aber alles andere wurde mit dem Pferd gemacht; Heu wenden, rechen und das Einfahren. Trockenes Heu ist ja leicht, aber hier macht die Summe das Gewicht, und so ein vollbeladener Wagen ist schwer, vor allem, wenn man ihn bergauf ziehen muss. Das wusste auch Gust. Da er schon alt und nicht mehr so kräftig war, warf er sich mit seinem vollen Gewicht in die Riemen und ruckte an. Und genau daran musste ich denken, als der Traktor vom Stand nach vorne schoss.

Ich weiß noch, dass ich mich glücklich an meinen Mann lehnte und mir vor Freude zum Heulen war. Stolz war ich auf ihn, auf alles, was er schon geschafft hatte. Unterhalten konnte man sich während der Fahrt nicht, weil der Motor solchen Krach machte. Obwohl wir nur mit sieben km/h unterwegs waren, pfiff uns der Wind um die Ohren, und es war ganz schön frisch. Als wir im Wald gemeinsam arbeiteten, wurde mir bewusst, dass einer allein es nicht schaffen könnte. Auch wenn mein Anteil ein geringer war, war es das Bewusstsein, gemeinsam etwas zu schaffen, was zählte.

Damals schrieb ich schon fleißig im Tagebuch meine Erlebnisse nieder und dachte nach, wie ich diese Sammlung einmal übertiteln würde. „Mit vereinten Kräften", kam mir in den Sinn. „Ach, wer weiß?" sagte ich mir, „Vielleicht fällt mir noch etwas besseres ein."

Auch ich wollte das Traktorfahren erlernen. Ich hatte Fotos gesehen von der Hausfrau auf dem Fahrzeug, und die war sicher nicht nur für das Foto da draufgesessen. Nach dem Motto, was die kann, kann ich auch, versuchte ich eines Tages mein Glück. Zugesehen hatte ich ja schon öfters. Ich atmete tief durch. Also erst vorglühen, Hebel runter, Standgas, anleiern und hoffen, dass der Motor genug Schwung hatte, wenn man den Dekompressor wieder ausschaltete. Wäuiii wäuiii wäuiii, leierte es unter mir, und als ich schon fast aufgeben wollte, begann er zu tuckern. Erst ganz langsam, doch dann immer schneller. Ich genoss das Knattern. Dass ich es wirklich geschafft hatte, erfüllte mich mit Stolz. Aber meine Freude währte nur einen Augenblick. Beim Starten hatte der Größenunterschied zwischen mir und meinem Mann keine Rolle gespielt, sehr wohl aber beim Einlegen der Gänge. Ich konnte die Kupplung nicht durchtreten. Die Länge meiner Füße endete dort, wo das Pedalspiel aufhörte, dabei lag ich schon fast auf dem Sitz, um überhaupt so weit zu kommen. Mein Mann hatte keinen Platz gehabt für seine Füße und hatte sich darum die Schiene, auf welcher der Sitz montiert war, verlängern und anschweißen lassen. Nun konnte man ihn nicht mehr verstellen. Mein Vorhaben musste ich wieder aufgeben, aber ich hatte es wenigstens versucht.

Da Gust

Da Gust is a betogta Herr
Bergauf tuat er si etwos schwer
Er kämpft si vurwärts gaunz behäbig
Rundum is er a weng`l schäbig
Er is hoit ana von die Oit`n,
des Wossa kaun er nimma hoit`n
er braucht net vüh, is sehr bescheid`n
drumm kaun mei Maunn ihn a guat leid`n
Er braucht ka Haus, ihm reicht a Doch
Er frisst uns a net oarm und floch
So hot er a nur an Zylinder
Desweg`n is er den meist`n z´minder
Die aundern wieda woll`n ihn grod
Wäu er nur an Zylinder hot.
Waun olles aund`re bricht und steht
Da Gust is do, zaht aun und geht
Er is zwoar net a flinkes Wiesel
Oba a Traktor Steyr Diesel.

Der Gust
(Übersetzung ins Hochdeutsche)

Der Gust ist ein betagter Herr
Bergauf, da tut er sich schon schwer
Er kämpft sich vorwärts, ganz behäbig
Sein Aussehn ist schon etwas schäbig
Ja, er gehört zu den ganz Alten
Das Wasser kann er nicht mehr halten
Er braucht nicht viel, ist ganz bescheiden
Darum kann ihn mein Mann gut leiden
Er braucht kein Haus, ihm reicht ein Dach
Er frisst uns auch nicht arm und flach
Hat einen einzigen Zylinder
Den meisten ist er drum zu minder
Die andren wieder woll´n ihn grad
Weil er nur diesen einen hat
Wenn alles andre bricht und steht
Dann kommt der Gust zieht an und geht
Er ist nicht schnell, so wie ein Wiesel
Aber, ein Traktor Steyr Diesel

Die süßen, großen Früchte

In unserem Garten stehen zwei große Bäume mit Kirschen. Immer wieder ging ich nachsehen, ob sie vielleicht schon reif geworden waren. Natürlich geschah das nicht von einem Tag auf den anderen. Die Sonne ließ sie reif werden. Langsam bekamen die gelben Früchte rote Wangen, bis sie schließlich tiefrot zwischen dem Laub hervorleuchteten. Als die Zeit der Ernte gekommen war, begann es zu regnen, und viele der reifen Früchte wurden durch die übermäßige Feuchtigkeit verdorben. Zudem musste ich Überstunden machen und kam tageweise gar nicht nach Hause. Am Telefon schwärmte mein Mann von den guten Kirschen, die er schon zum Frühstück verspeist und den ganzen Tag über genascht hatte. Ich beneidete ihn darum, denn wenn ich nach Hause kam, war es immer schon finstere Nacht.

Dann hatte auch ich endlich einen freien Tag, an dem es einmal nicht regnete. Eine Handvoll Kirschen hatte ich mir ja auch schon nehmen können, aber diesmal wollte ich einen ganzen Kübel voll pflücken und mich richtig damit satt essen.

Die Früchte auf den unteren Ästen, jene, die auch die kleinen Leute wie ich ohne Leiter erreichen konnten, waren schon abgeerntet. Ich holte mir eine Leiter und stellte sie unter einen Ast, auf dem viele Kirschen hingen. Als ich sie gepflückt hatte, kam es mir gar nicht so viel vor. Ich blickte nach oben. Natürlich. Da ganz oben hingen Früchte, die mich mit ihrer dunklen Farbe lockten. Ich stieg von der Leiter auf den nächsten Ast und kletterte in die

Baumkrone. Im vergangenen Herbst hatte ich die Bäume ordentlich ausgeschnitten. Es gab nicht mehr so viele Möglichkeiten, sich festzuhalten. Zudem war der Baum gewachsen, die Abstände zwischen den Zweigen waren größer geworden. Den Rücken an den Stamm gepresst, stemmte ich mich mit beiden Beinen gegen zwei starke Äste. Ich fühlte mich so sicher, dass ich mich nicht mehr anhalten musste. Nun, wo ich beide Hände frei hatte, streckte ich mich, so weit ich konnte, um eine Handvoll Kirschen zu erreichen, die mir süßer und reifer erschien als alle anderen. Als ich sie gepflückt hatte, spürte ich, wie ich mit der Sohle auf dem Ast abrutschte. Da ich die Früchte in der einen Hand nicht loslassen wollte, konnte ich nur einen Arm um einen Ast schlingen, um meinen Fall zu bremsen. Dann hatten meine Füße den Halt ganz verloren und baumelten in der Luft. Mein Herz klopfte vor Angst schneller. Vorsichtig ließ ich mich auf den nächsten starken Zweig gleiten, auf dem ich stehen konnte. Ich blickte hinunter. Unter mir ragten die spitzen Holme der Leiter in die Höhe. Wenn ich darauf gefallen wäre, hätte ich mich sicher schwer verletzt. Ich war allein und niemand hätte meine Hilferufe gehört. Als ich meine Faust öffnete, um die Kirschen zu den anderen in den Kübel zu legen, da sah ich, dass diese Früchte schimmlig waren. Diese Handvoll Kirschen, die mir begehrenswerter erschienen waren, als alle anderen, nach denen ich mich bis zum Äußersten gestreckt hatte, für die ich einen Augenblick lang sogar mein Leben in Gefahr gebracht hatte, waren kein Risiko wert gewesen. Ich verglich dieses Erlebnis mit unserem Handeln im täglichen Leben.

Es sind nicht immer Früchte, für die wir uns in Gefahr begeben und es sind auch nicht immer Bäume, von denen wir abrutschen. Es sind schlechte Gewohnheiten, mangelnde Erkenntnis, Ungeduld, Selbstüberschätzung oder fehlende Einsicht über die möglichen Folgen. Manches Mal ist es nur das falsche „Licht", in dem wir etwas betrachten, das uns in die Irre gehen lässt.

Jeder danke seinem Schöpfer für die gewonnene Einsicht und umso mehr, wenn er seinen Irrtum unbeschadet überstanden hat.

Schädlinge

In unserem Garten hatten wir einen Birnbaum gepflanzt. Der Untergrund ist sehr steinig und vielleicht hatten wir den Boden nicht tief genug abgegraben, bevor wir den Baum gesetzt hatten, denn er bekam zwar immer viele Fruchtansätze, aber, möglicherweise aus Nahrungsmangel, fielen die meisten wieder ab. Eines Tages sah ich, dass die Blätter von Schildläusen befallen waren. Wir hatten beschlossen, kein Gift im Garten zu verwenden. So nahm ich mir einen Kübel und pflückte alle befallenen Blätter ab. Schön sah er nun nicht mehr aus, aber ich konnte ihm nicht, um der Eitelkeit willen, befallene Blätter lassen. Der Baum sah danach aus wie ein gerupftes Huhn, aber er „überlebte" es, bekam neues Laub, und im Herbst konnte ich einen kleinen Korb voll Birnen ernten. Auch im nächsten Jahr wiederholte sich dieser Vorgang. Wieder entfernte ich die kranken Blätter, der Baum bekam neue und ich erntete im Herbst Früchte.

In diesem Frühsommer sah ich, dass die Schädlinge den Baum befallen hatten, aber ich war so eingedeckt mit Arbeit, dass ich mir die Zeit dafür nicht genommen hatte, sie zu entfernen. Jedes Mal, wenn ich in den Garten ging und an diesem kleinen Baum vorbeikam, sah ich, dass die orangen Flecken auf den Blättern mehr geworden waren, aber noch immer schob ich es hinaus, sie abzupflücken. Wann immer ich daran vorüberging, ermahnte mich mein Gewissen, etwas dagegen zu unternehmen, aber ich tat es nicht. Ich wollte aber kein schlechtes Gewissen mehr haben und darum entschied ich eines Tages, dass der kleine Baum mit seinem Problem selbst fertig werden musste.

Im Frühling war der Birnbaum übersät mit Blüten gewesen und kurz darauf konnte man sehen, dass fast alle Blütenstände befruchtet worden waren. Es war mir von vornherein klar, dass er nicht alle behalten würde, aber als ich eines Tages Nachschau hielt, wie viel er mir im Herbst bescheren würde, stellte ich mit Schrecken fest, dass nicht eine einzige Frucht erhalten geblieben war. Die Schädlinge hatten den Baum so geschwächt, dass seine Kraft, Früchte hervorzubringen, nicht mehr ausgereicht hatte.

Ich zuckte mit den Schultern. Nun, wo die Früchte schon abgefallen waren, war es ja egal, ob die Schädlinge dran blieben oder nicht, dachte ich mir und wandte mich ab. Aber die Gedanken in meinem Kopf ließen mich nicht zur Ruhe kommen. Ein Jahr war nun verloren. Es war noch nicht einmal Sommer und ich wusste, dass es im Herbst von diesem Baum keine Früchte geben würde. Ich musste warten, bis der Winter verging, der Frühling kam und der Baum wieder blühen würde. Selbst dann würde ich noch warten müssen bis zum nächsten Herbst, um wieder Früchte von diesem Baum ernten zu können. Mehr als ein Jahr war verloren. Vielleicht war noch mehr verloren, wenn ich nichts gegen die Schädlinge unternahm. Wer weiß, womöglich würde ihm im nächsten Jahr die Kraft fehlen, zu blühen ...

Bei diesem Gedanken drehte ich auf meinem Weg um, ging in die Werkstatt und holte mir einen Abfalleimer. Dann stellte ich mich zu dem Birnbaum und begann, die befallenen Blätter alle abzupflücken. Blatt für Blatt, Ast für Ast säuberte ich den kleinen Baum, der von Tag zu Tag kahler wurde. Jeden Tag mindestens einen Zweig, hatte ich mir vorgenommen. Für die oberen Äste, die ich nicht erreichen konnte, bat ich meinen Mann um Hilfe, und eines Tages war der kleine Baum von Schädlingen frei. Er sah nicht mehr schön aus, und immer wieder fand ich neue befallene Blätter, die ich jedesmal sofort entfernte. Meine Augen waren nur fixiert auf die Schädlinge, sodass ich erst gestern sah, welches „Wunder" sich da vor mir vollzogen hatte. Gleich den Fingern einer Hand hatte das Bäumchen ein paar Blüten in die Höhe gestreckt. Ja, nicht nur das, während an einem Ende die Blüten noch ihre zarten weißen Blätter der Sonne entgegenstreckten, bildeten sich am grünen Stängel dahinter bereits die Früchte, als wüssten sie, dass sie sich beeilen mussten. Als ich den Birnbaum nun genauer ansah, bemerkte ich, dass er noch mehr Knospen angesetzt hatte. Es war Anfang August, und der Schmetterlingsstrauch dahinter war in voller Blüte. Ich machte mir keine Hoffnungen, dass diese Früchte bis zum Herbst reifen würden, aber darauf kam es gar nicht an. Etwas anderes war mir wichtiger, nämlich die Erkenntnis, die richtige Entscheidung getroffen zu haben.

Ich stand im Garten, die eine Hand hatte ich um den Stamm des Birnbaumes gelegt, die andere presste ich auf meine Lippen und konnte die Tränen nicht zurückhalten. Wie dankbar war ich doch dem Schicksal für das, was es mir mit diesem Bäumchen zeigte. Nicht nur die Natur, auch die Menschen werden geschwächt, wenn sie ihre Fehler nicht ablegen, und je länger sie damit zuwarten umso schwächer werden sie. - „an ihren Früchten werdet ihr sie erkennen" - Woran soll man erkennen, dass ein Baum gut ist, wenn er keine Früchte hervorbringt?

Die Kraft, mit der wir zuvor unsere Fehler ausgelebt und verborgen haben, steht uns in dem Augenblick, in dem wir davon umgekehrt sind, für unsre Früchte zur Verfügung. Wir brauchen nicht zu warten auf eine günstige Gelegenheit oder eine besondere Jahreszeit. Der Birnbaum hat es mir vorgezeigt; wir können wieder ganz neu beginnen, mit Knospen und Blüten, als ob Frühling wäre.

Seerose

Seerose
Stille Pracht
Auf dem Wasser
Wiegt sich im Winde
Teichschönheit

Libelle

durchscheinende Flügel
anmutig die Gestalt
wendiger Jäger der Lüfte
Flugkünstler

Süß-sauer

Unser Schlafzimmer liegt auf der Straßenseite unseres Hauses. Wenn ich morgens erwache, brauche ich nicht aus dem Fenster zu sehen, um zu wissen, ob es regnet, oder geregnet hat.

Vor unserem Tor hat sich der Asphalt etwas abgesenkt, und das Regenwasser sammelt sich in dieser Vertiefung. Wenn ein Auto vorbeifährt, höre ich am Geräusch der Reifen, ob der Wagen durch eine Lacke fährt.

So auch an diesem Tag. Die Wettervorhersage stimmte diesmal. Bei schlechtem Wetter war das viel öfter der Fall, als bei Sonnenschein.

Regen hin, Regen her, wenn Besorgungen unumgänglich waren, mussten wir eben bei nassem Wetter unser warmes Zuhause verlassen.

Als wir nach unseren Erledigungen heimkamen, regnete es noch immer.

„Na, was ist? Willst du nicht aussteigen?" fragte mich mein Mann, als er den Motor abgestellt hatte und sah, dass ich keine Anstalten machte, auszusteigen und seelenruhig im Wagen sitzen blieb. Leise tropfte der Regen auf das Dach und die Scheiben.

„Es regnet noch immer!" entgegnete ich.

„Na und?" fragte er. „Du bist ja nicht aus Zucker!"

„Natürlich nicht, obwohl ... Naja, du bist ja immer derjenige, der sagt ich, sei süß!" konterte ich.

Ich seufzte und öffnete die Beifahrertüre.

Einen Schirm konnten wir nicht verwenden, denn wir mussten unseren Einkauf ins Haus tragen. Also rein in den Regen.

Ich ging über die Straße, stellte meine Taschen

vor dem Tor ab und suchte nach dem Schlüssel.

Währenddessen kam ein Wagen heran. Er war sicher schneller unterwegs, als die vorgeschriebenen 50 km/h, denn als er durch die Lacke hinter mir fuhr, spritze er mich von oben bis unten an.

Wütend drehte ich mich um, machte einen Schritt vom Gehsteig hinunter. Ich wollte die Nummer dieses Autorowdys aufschreiben. Wie gesagt, ich wollte. Ich hatte nur das Nachsehen. Vor der Lacke zu stehen und dem Auto nachzusehen, war ein Fehler. In meinem Zorn überhörte ich das nächste herankommende Fahrzeug. Die Hände in die Hüften gestemmt, wurde ich mit dem nächsten Schwall Wasser gesegnet. Diesmal von vorne. Eine Fontäne schoss in die Höhe und übergoss nun meine bis dahin trockene Vorderseite. Ich stand da wie ein begossener Pudel; von den Haaren bis zu den Zehen klatschnass.

Ich schnappte nach Luft.

„Hast du das gesehen?" fragte ich Otto, mit vor Empörung fast tonloser Stimme.

Er nickte beifällig.

„Also ich an deiner Stelle würde jetzt hineingehen, es sei denn, du hast Lust auf noch ein paar Güsse!" meinte er.

Ich sah schon das nächste Auto heranbrausen, nahm die Einkaufstaschen und folgte meinem Mann in den Hof.

„So eine Schweinerei!" schimpfte ich.

„Du hast Recht", sagte mein lieber Mann nun zu mir „Du bist nicht aus Zucker, und besonders süß erscheinst du mir jetzt im Moment auch nicht."

Ich schnaubte. „Wer den Schaden hat..." Doch seine nächsten Worte machten alles wieder gut.

„Mach dir nichts daraus. Ich lieb dich auch als nichtsüßen begossenen Pudel!"

Mein Tausendsassa

Wir hatten gerade Besuch und saßen beim Abendessen. Daniel, der mit uns nach Seebenstein mitgekommen war, saß neben mir. Wir plauderten und unterhielten uns prächtig. Wir lachten mit unseren Gästen über die Anekdoten, die mein Mann erzählte.

Ich hatte immer schon sein Talent bewundert, dass er mehrere Dinge zur gleichen Zeit erledigen konnte. Wenn wir für viele Personen kochen mussten, so stand Otto am Herd. Wie ein Dirigent, der genau wusste, wann welches Instrument einsetzen musste, so hatte auch er einen genauen Ablauf der Arbeiten im Kopf. Ich bewunderte ihn immer dafür, denn bei mir klappte das nicht so. Wenn ich versuchte, bloß zwei Dinge zugleich zu tun, blieb stets eines davon auf der Strecke, meistens das Kochen. Vielleicht lag es daran, dass sich meine andere Tätigkeit außerhalb der Küche befand.

Nun brüstete sich mein lieber Mann damit, wie gut er organisieren konnte.

„Ich bin wie Cäsar, ich kann drei Sachen zugleich machen!"

Ich wusste, dass er ein guter Organisator ist, und nickte zustimmend.

Daniel beugte sich zu mir herüber und sagte halblaut „Aber er kann sich nicht drei Dinge zugleich merken!"

Die Ausnaum

Regln gibt's a gaunze Menge
Doch wos kana liebt
Dass es fost bei jeda solchen
A a Ausnaum gibt

Jede davon muaßt du kennen
Und sie guat studiern
Denn sonst kunnterst di wie folgend
Fürchterlich blamiern

Amol hob i im Hof drunt gsegn
Die Mentscha, dei spühn Schui
A jede möchte Frau Lehrin sein
Und aunschoffn, ui,ui

Jo wia sie sich geeinigt hobn
Dauns geht's glei richtig los
Melitta is des erste Kind
Erzöhlt von ihrem Hos

Sie red genauso wia daham
Der Lehrin gfoillt deis net
Sie kritisiert die derbe Sproch
Und mant so red man et

Wäu aus dem „O" im Dialekt
Wird in da Schriftsproch „A"
Und sie gibt Beispüle dazua
Ois obs immer so war

So wird „die Katze" aus „da Kotz"
„Der Hase" aus „dem Hosn"
Von Ausnaumen hot sie nix gwusst
Wo ma deis „O" muass lossn

Daun war d`Melitta Lehrerin
Sie wollte zum Belohnen
Die beste Rechnerin die soll
Bei ihr am Schoße thronen

So flötet sie ganz nach der Schrift
Gedenkt der „O"s und „A"s
„Komm her zu mir mein liebes Kind
Setz dich auf meinen Schaß!"

Sommerluft

Die Dämmerung war bereits hereingebrochen, als ich in unserem kleinen Landbahnhof aus dem Zug stieg. Die Luft war warm und der Himmel klar. Der heiße Motor des Triebwagens verströmte Dieselgeruch. Ich überquerte die Geleise, und wenige Schritte von der Lok entfernt, umfing mich plötzlich ein anderer Duft; der Duft, der mich an den Sommer meiner Jugendzeit erinnerte – der Duft nach Heu.

Meine Gedanken führten mich zurück. Ich sah den Vater meiner Freundin, wie er den Balkenmäher vor sich her schob und die große Wiese unter dem Haus mähte.

Es war die Aufgabe von uns Kindern, das Schnittgut gleichmäßig auszubreiten. Endlos erschien uns das Feld, wenn wir mit der Arbeit begannen. Die Luft flimmerte, und die Sonne brannte uns auf den Rücken. Die großen Heugabeln in unseren Händen wurden zusehends schwerer. Eine Mahdreihe nach der anderen streuten wir auf. Unsere Scherze und unsere Gespräche ließen uns die Größe des Feldes vergessen. Als wir fertig waren, war es Mittag. Müde, hungrig und vor allem durstig, kehrten wir zum Haus zurück.

Am Nachmittag wurde das Pferd eingespannt, um das Heu zu wenden. Auf einem sich drehenden Gestänge waren kleine Gabeln angebracht, die das Heu vom Boden aufnahmen und durch die Luft wirbelten. So konnte das Gras von allen Seiten trocknen.

An besonders heißen Tagen konnten wir das Heu noch am selben Tag einfahren.

Meine Freundin und ich standen zumeist auf dem Heuwagen und verteilten die Heuballen, die uns mit den Gabeln zugereicht wurden, gleichmäßig auf dem Fuhrwerk. Je höher die Ladung wurde, umso mehr schaukelte der Wagen bei unseren Bewegungen. Wenn wir nach den Heuballen griffen, die man uns entgegenstreckte, kam es schon mal vor, dass wir von den Zinken der Werkzeuge gestochen wurden.

Voll beladen war die Fuhre meist zu hoch, um hinunter zu springen, darum steckten sie ein paar Gabeln ins Heu, an denen wir, wie auf den Sprossen einer Leiter, wieder hinunter kletterten.

Wenn genügen Arbeiter da waren, stand ich, als Kleinste und Schwächste, mit einen Birkenzweig beim Pferd und verjagte die lästigen Bremsen.

Ein Büschel Heu ist nicht schwer. Viele Büschel Heu aufzuladen kostet schon einige Kraft, und einen vollen Heuwagen zu ziehen, noch dazu bergauf, ist auch für ein Pferd schweißtreibend.

Nach dem Abladen auf der Tenne waren wir alle rechtschaffen müde. Wir Kinder konnten uns nun ausruhen, aber der Vater meiner Freundin, der Jäger war, ging nun ins Revier, und auf die Mutter wartete die Stallarbeit.

Am schlimmsten war für uns das Baden am Abend. Die trockenen Heuhalme hatten uns überall gestochen. Bei der Arbeit hatten wir das einfach hingenommen und spürten es gar nicht mehr, aber dann, als wir in das warme Wasser stiegen, brannte die Haut wie Feuer. Nun konnte man die unzähligen Einstiche sehen, dort wo uns die Kleidung uns bei der Arbeit nicht geschützt hatte; Arme, Beine, Gesicht und Hals waren übersät mit roten Punkten, als ob wir Masern hätten ...

Ich lachte vor mich hin. Ach ja, damals ... ich sog den Duft ein, wieder und wieder, um die Erinnerung daran festzuhalten ...

Etwa fünfzig Meter vor mir lief eine Katze über die Straße und dann an den Häusern entlang auf mich zu. Mit hoch aufgerichtetem Schwanz kam sie daher. Es war meine Katze, „Melody", meine Begrüßungskatze. Sie kam mir immer entgegengelaufen, wenn ich nach Hause kam. Sie forderte ihre entgangenen Streicheleinheiten und legte sich hin, wo sie gerade war, ob im Hof, am Gehsteig oder auf der Strasse.

Ich hob sie hoch, um sie auf den Arm zu nehmen. Ich drückte meine Wange an ihr kuscheliges Fell und atmete ihren Duft ein. Nun war ich auch mit meinen Gedanken wieder zu Hause.

Sommerwiesen

Sommerwiesen grün und bunt
Blumen leuchten aus dem Grund
Margariten, roter Klee
Strecken sich weit in die Höh

Morgens, wenn der Tag noch grau
Schmücken Gräser sich mit Tau
Hängen glitzernd in der Sonn
Welch ein Anblick, welche Wonn

Sommerwiesen wogend Meer
Neigt im Wind sich hin und her
Mit dem Atem der Natur
Freut sich nicht das Auge nur

Sommerwiesen frisch gemäht
Über Stoppelfelder weht
Nun ein andrer Duft, ganz neu
Herrlich riecht das frische Heu

Trocken wird der Wiesen Pracht
Für den Winter eingebracht
Und sein Duft lässt wieder sprießen
In Gedanken – Sommerwiesen

Hilfe, wir werden Aquarianer!

Es war Barbara, die uns den ersten richtigen Neuzugang bei den Haustieren verschaffte. Eines Tages kam sie mit einem Miniaquarium von den Nachbarn. Für manche Menschen sind Fische gar keine Haustiere, weil man nicht mit ihnen sprechen und sie auch nicht streicheln kann. Auch wir waren mehr neugierig als begeistert, was da nun auf uns zukommen würde.

Vorsichtig, um nur ja nichts zu verschütten, ging sie über den Hof und trug ein kleines rechteckiges Glasgefäß. Wie einen Schatz hielt sie es vor ihrer Brust und stieg die Stufen in die Küche hinauf. Drinnen stellte sie es erst einmal auf den Tisch, damit wir es begutachten konnten.

Der Boden war mit kleinen, grünen Kieselsteinen bedeckt. Ein dicker, verknorpelter Ast ragte schräg im Wasser in die Höhe. Eine viereckige Pumpe blies die Luft perlend durch das Becken. Bunte Fische schwammen geruhsam durch das Grün der eingesetzten Wasserpflanzen. Es war entzückend anzusehen; alles war so klein und doch so wunderbar vollkommen.

Auf der Unterseite des Astes hatte sich ein für das kleine Aquarium großer Antennenwels angesaugt. Einzig die großen Borsteln auf seinem Kopf waren zu sehen. Meist hielt er sich verborgen. Er kam nur, wenn es dunkel wurde, oder wenn man eine Futtertablette hineinwarf. Interessiert sahen wir ihm zu, wenn er sich an der Glaswand festsaugte. Lange erfreuten wir uns an diesem Anblick. Eines Tages jedoch war es soweit; das Aquarium musste geputzt werden. Ich goss etwas Wasser daraus in einen großen Kübel und fing die Fische nacheinander heraus. Der Wels ließ nicht von seinem Holz ab und so legte ich ihn zusammen mit seinem Untergrund zu den anderen Fischen. Ich spülte den Kies komplett durch. Unzählige winzige Schneckenhäuschen entfernte ich, ehe wieder alles an seinen ursprünglichen Platz kam. Eine braune Brühe floss aus dem Schwamm der Pumpe, als ich sie unter fließendem Wasser reinigte. Danach befüllte ich den Glasbehälter mit Leitungswasser und setzte die Fische wieder ein. Die Pumpe sprühte wieder Perlen aus Luft durch das Wasser, und auch die Fische schwammen wieder munter umher. Unerklärlich für Aquaristen, fühlten sich die Fische so wohl, dass es ständig Nachkommen gab; junge Guppys, Platys, Mollys. Leider vermehrten sich auch die kleinen Schnecken, die zusehends die Pflanzen abfraßen. So kauften wir Fische, die diesem Problem Herr werden konnten; Netzschmerlen. Anders als meine bisherigen Exemplare, die sich ausschließlich pflanzlich ernährten, fraßen die Netzschmerlen nicht nur Schnecken, darum hielt sich die Vermehrung der Fische von nun an in Grenzen.

Nach den Weihnachtsfeiertagen waren wir bei einer Familie eingeladen. Sie hatten ein wunderschönes, großes 200l-Aquarium. Barbara war begeistert. So eines wollte sie; ein großes, in dem viel mehr Fische und Pflanzen Platz hatten.

„Wenn du einmal dein eigenes Zimmer hast", vertröstete ich sie. Wir hatten nämlich vor, am Dachboden, wo wir in den ersten Monaten geschlafen hatten, den Raum für sie fertigzustellen. Das Aquarium kam aber schneller als ihr Zimmer.

Jene Familie, die wir damals besucht hatten, wollte ein Klavier für ihre Kinder, und wegen Platzmangels musste das Aquarium weichen.

Dankbar nahmen wir es an. Barbaras Zimmer war noch nicht bezugsfertig, und so stand es lange Zeit leer auf der Veranda. Eines Abends, als ich von der Arbeit nach Hause kam, prangte es in der Küche. Mein Mann hatte es vor der Anrichte auf einen schmalen Kasten gestellt, der einst als Raumteiler mit Hydrokulturen bepflanzt war.

Neugierig betrachtete ich es. Steine waren zwischen den Pflanzen so aufgeschichtet, dass sie Unterschlupf boten. Zwischen dem Grün waren Hölzer in den Kies gesteckt worden. Zwei gelbe, schlanke Fische flitzten durch das Wasser oder saugten sich an den Glaswänden fest, um sie von den feinen Algen zu reinigen. Eine große Pumpe blies Luftblasen durch das Becken und hielt das Wasser an der Oberfläche in Bewegung.

Ich konnte mich kaum satt sehen und blieb, obwohl es schon spät und ich müde war, noch einige Zeit davor sitzen.

In den Tagen danach kamen stets neue Fische und Pflanzen dazu; ein großer, fast zwanzig Zentimeter langer, dunkler Putzerfisch glitt elegant durch das Becken, Guppymännchen mit prächtigen Schwanzflossen, schwarze Leierschwanzmollys, rote Platys, Keilfleckbarben und unzählige Neonfische.

In das Aquarium zu sehen, war ungemein entspannend. Mit der Katze am Schoss saß ich abends immer noch eine Weile davor.

Die Freude über unser neues „Schmuckstück" hielt allerdings nicht besonders lange an. Kurz nachdem wir es fertig eingerichtet hatten, leckte es. Anfangs fiel es mir nur auf, dass die Unterlage ständig nass war. Eines Tages tropfte es bereits auf den Boden. Es musste was geschehen, bevor etwas passierte. Der Inhalt einer zerbrochenen Mineralwasserflasche machte schon eine große Lache. Nicht auszudenken die Sauerei, wenn das Becken auseinanderfiele.

Eines Abends, als ich wieder mal von der Arbeit heimkehrte, kam dann die große Überraschung. Der helle Linoleumboden, den ich am Abend zuvor aufgewaschen hatte, war richtig dreckig. Ehe wir die Küche umgebaut hatten, ging man direkt vom Hof in den Raum und trug natürlich auch den Schmutz von draußen hinein; besonders schlimm war es bei feuchtem Wetter. An diesem Tag hatte es aber nicht geregnet. Die Nässe musste von woanders herrühren. Als ich mich umdrehte, sah ich es: das Aquarium war leer. Ich erschrak: kein Wasser, keine Pflanzen, keine Fische, keine Dekorationsstücke, nur etwas Kies bedeckte den Boden des Beckens. Wo waren die Fische? Wir hatten einen Bekannten, der ein großes Aquarium hatte. Hatte mein Mann die Fische zu ihm gebracht? Für wie lange? Würden wir sie wiederbekommen, wenn unseres wieder dicht war?

Viele Fragen gingen mir durch den Kopf. Otto war mit dem Taxi unterwegs. Handy hatten wir keines, und so musste ich wohl bis zum nächsten Tag auf die Antwort warten.

Nein, ich bekam die Antwort doch früher. Als ich ins Badezimmer ging, um mich zu waschen wartete die nächste Überraschung auf mich: die Fische schwammen in der Badewanne!!!

Otto hatte den gesamten Inhalt des Aquariums in der Wanne untergebracht. Die Steine lagen am Wannenboden, die Pflanzen schwammen obenauf, der Wasserstand war zwar nicht mehr so tief, dafür gab es in der Länge mehr Platz für die Fische zum Schwimmen. Über den Wannenrand hatte Otto zwei Latten gelegt auf denen er mit Klebestreifen die UV Lampe für die Pflanzen befestigt hatte. Mit einem Mehrfachstecker versorgte er das Licht, die Pumpe und den Blubber mit Strom. Die Fische hatten alles, was sie brauchte. Und wir? Baden konnten wir nun nicht mehr, aber bis das Becken repariert sein würde, hatten wir immerhin noch eine Dusche zur Verfügung.

Nach etwa sechs Wochen verkündete meine Mutter, dass sie gerne wieder einmal ein Bad nehmen würde. Mein Mann hatte nämlich kein Vertrauen, dass der Spezialklebstoff für das Aquarium den immensen Druck des Wassers tatsächlich aushalten würde und sich darum noch nicht an die Reparatur herangewagt. Ein Neues konnten wir uns jedoch auch nicht leisten und so suchte er im Internet nach einem Gebrauchten. Die meisten der angebotenen Exemplare waren einfach zu klein. Es gab nur ein einziges Becken zu ersteigern, und das war meiner Ansicht nach zu groß und zu teuer. Otto steigerte dennoch mit.

„Wo willst du denn das Riesending hinstellen?" fragte ich entgeistert. Es war immerhin so groß, dass ich mich der Länge nach hineinlegen konnte. In der Küche würde es nicht mehr Platz haben.

„Darüber mache ich mir Gedanken, wenn ich es habe", gab mir Otto zur Antwort.

Ich seufzte.

Als das Mitsteigerungsdatum abgelaufen war, kam die Nachricht, dass wir ein 400l-Becken ersteigert hatten.

Während Otto mit einem Bekannten unterwegs war, um das Aquarium abzuholen, rannte ich mit dem Zollstock von Zimmer zu Zimmer und nahm Maß.

Es gab nur eine einzige Möglichkeit, wo wir das Becken unterbringen konnten; in unserem Schlafzimmer. Allerdings mussten wir zuvor einen Bücherschrank woanders unterbringen und den Wäschekasten ans Fenster schieben.

Als mein Mann zurückkam, war er begeistert von meinem Vorschlag. Im Nu landeten die Bücher auf unserem Bett. Der Kasten ließ sich trotz unserer Anstrengungen keinen Millimeter auf dem Teppichboden bewegen. Er musste ausgeräumt werden, und so landete die gesamte Wäsche ebenfalls auf unserem Bett. Obwohl leergeräumt, war der Kasten noch immer sehr schwer, aber mit Hilfe seines Freundes schafften wir es, ihn zum Fenster zu rücken.

Der Unterkasten des Aquariums wurde hereingetragen und an seinen Platz gestellt. Das Becken hatte ein ansehnliches Gewicht, sodass es zwei kräftige Männer benötigte, um es vom Wagen ins Haus zu tragen. Es sah aus wie ein Schneewittchensarg. Kaum, dass er es aufgestellt hatte, verabschiedete sich Otto wieder, denn es war Zeit, um zur Arbeit nach Wien zu fahren.

Ich blickte mich um. Chaos wohin ich schaute. „Super", dachte ich, „das bleibt mir ganz allein!" Naja, jammern half da auch nicht, und so machte ich mich gleich ans Werk, denn schließlich wollte ich mich abends ins Bett legen.

Die Fische blieben noch ein paar Wochen in der Badewanne. Sie hatten keine Eile umzusiedeln, im Gegenteil, sie fühlten sich dort so wohl, dass sie sich zu vermehren begannen. Es waren lauter lebend gebärende Exemplare, die sich, geschützt im Blätterwald, prächtig entwickelten.

Ein Becken, das doppelt so groß ist, wie das vorhergehende, braucht doppelt so viel an nährstoffreichem Untergrund, Kies, Wurzeln aus Spezialholz, Pflanzen und natürlich auch Fischen. Lediglich Steine hatten wir genug.

Was für uns völlig neu war, dass die riesige Pumpe außerhalb des Beckens, im darunterliegenden Schrank aufgestellt wurde. Mit solchen Exemplaren hatten wir natürlich keine Erfahrung, und als wir sie erstmals in Betrieb nahmen klappte es auch nicht. Das Gerät gluckste und gurgelte, aber anstatt oben in das Becken zu fließen, quoll das Wasser aus dem Gehäuse der Pumpe und floss aus dem Kasten. Nachdem ich mehrere Male den Schrank ausgewischt und den Teppichboden wieder trocken gelegt hatte, „opferte" ich meine große, runde Bratwanne aus Griechenland, in der ich zu Weihnachten immer meinen Truthahn gebraten hatte. Ich stellte die Pumpe hinein und war so einigermaßen vor Überflutungen sicher.

Als letzte Anschaffung kaufte mein Mann Kongosalmler und setzte sie ein. Sie waren etwas größer als die meisten Fische und schwammen meist im mittleren Bereich des Beckens. Ihre Schuppen schillerten wie ein Opal in mehreren Farben, je nach Lichteinfall. Elegant glitten sie durchs Wasser. Wir setzten uns auf den Musikschrank, der am Fußende unseres Bettes vis-a-vis des

Aquariums stand, und schauten den Fischen zu. Wir hatten ein Paradies geschaffen. Zumindest glaubten wir das, bis wir sahen, dass einer der Kongosalmler einem vorüberschwimmenden Neonfisch einfach den hinteren Körperteil abbiss. Ausgerechnet die Neonfische, Ottos Lieblinge, wurden angegriffen. Warum nur?

Nachdem wir nun so ein großes Aquarium und unzählige Fischarten hatten, kaufte ich mir ein Sachbuch. Bereits als ich die ersten Seiten gelesen hatte wurde mir klar; wir hatten ein Chaosbecken geschaffen!!!

„Die Mörderfische müssen raus!" verkündete mein Mann und tat, was schon längst fällig war: er klebte das undichte Aquarium. Es kam, wie schon zuvor, in die Küche und wurde nur mit Steinen bestückt. Das sollte ihre „Hölle" sein. Den Fischen war das egal, sie wurden ja gefüttert. Damit die Scheiben sauber blieben kaufte Otto Welse, dazu Hölzer die sie brauchten, dann kamen ein paar Pflanzen und andere Fische. Bald bot sich den Augen beim Anblick des Beckens wieder ein buntes Bild.

Als das Zimmer unserer Tochter fertig wurde, erinnerte sie uns an unser Versprechen. Selbstverständlich sollte sie das Aquarium bekommen.

„Ich möchte mir die Fische aber selber aussuchen!" forderte sie.

Mein Mann und ich sahen uns an und nickten ergeben. Die „Mörderfische" würden sich wieder das Becken mit den Neonfischen teilen und sie dezimieren.

Damit konnte sich Otto aber nicht abfinden. So

suchten wir abermals im Internet nach einem gebrauchten Aquarium. Wir wurden schnell fündig. In der südlichen Steiermark gab es ein geeignetes Objekt. Der Weg dahin war sehr weit. Hätten wir die Fahrtkosten berechnet, so hätten wir uns auch eines kaufen können.

Bald blubberte es in unserem Wohnzimmer. Im klaren Wasser tummelte sich nun ein großer Schwarm Neonfische, ohne Gefahr zu laufen von kannibalischen Artgenossen dezimiert zu werden. Wenn ich abends von der Arbeit nach Hause kam, schliefen die Kinder bereits, und das Haus war dunkel. Nur der milde Schein der Aquarien beleuchtete die Räume. Ehe ich zu Bett ging, sah ich noch überall nach, ob alles in Ordnung war.

Eigentlich gab es in jedem Raum so ein Licht, ausgenommen in der Küche. Das war aber genau jener Raum, den ich als erster betrat, wenn ich nachhause kam. Ich brauchte keine großen Überredungskünste und eines Tages gab es auch wieder ein kleines Aquarium in der Küche.

So groß die Freude und der Anblick für uns auch waren, die ohnehin schon feuchten Räume wurden besonders in der kalten Jahreszeit, wenn die Fenster nicht mehr ständig geöffnet waren, muffig. Nach und nach begannen wir, ein Becken nach dem anderen aufzulassen. Zuletzt blieb nur mehr das ganz große in unserem Schlafzimmer übrig. Wir hörten auf, Fische nachzukaufen. Die „Mörderfische" schwammen noch immer herum. Ausgerechnet die Bösesten hatten so ein zähes Leben. „Lebendfutter" gab es für sie aber keines mehr, denn ihre Artgenossen waren ebenso groß wie sie.

Die Abdeckung des großen Aquariums hatte seitlich Öffnungen. Als ich eines Tages sah, dass dort, wo sie an den Kasten grenzte, sich das Furnier abzulösen begann, wusste ich dass etwas geschehen musste. Einen andren Platz für das Becken gab es in unserem Haus nicht. Das Möbelstück war aus Massivholz, eine handgefertigte Tischlerarbeit. Wenn ich es retten wollte, mussten die Fische weg. Ein kleines Becken war ja leicht anzubringen, aber wer nimmt ein 400l- Becken? Das mussten schon Spinner sein, so wie wir.

Es war unglaublich! Ich fand tatsächlich einen! Er übertraf uns bei weitem, denn er hatte seinen ganzen Keller umgebaut und mit Aquarien bestückt. Nun hatte er endlich ein ausreichend großes Exemplar für seine Diskusfische, und für uns war eine Ära zu Ende gegangen.

Halloween 2008

Ein Arbeitstag vor dem Feiertag ist immer sehr anstrengend. An diesem Tag aber war besonders viel zu tun im Geschäft. Wir benötigten fast den ganzen Tag drei Kassen, manchmal auch vier. Sämtliche andere Tätigkeiten blieben ungeschehen, um den Kundenstrom an den Kassen bewältigen zu können. Es kamen Klagen, warum es denn heute keine großen Kürbisse mehr gäbe. „Weil es zu spät ist, am Tag des Festes mit den Vorbereitungen zu beginnen", dachte ich mir, aber das durfte ich ja nicht sagen, und so entschuldigte ich mich dafür.

Eine Stunde später als vorgesehen fuhr ich nach Hause. Da merkte man erst, dass Halloween war; viele Jugendliche hatten hässliche Masken auf oder das Gesicht mit roten und schwarzen Farben angemalt. An allen Ecken explodierten Knallkörper, und die Menschen zuckten erschrocken zusammen, sehr zur Freude der Täter. Auf der letzten Strecke des Heimweges hatte ich das Gefühl, in einem Horrorzug zu sitzen. Im Nachbarort gab es ein Gruselfest im Bergwerk. Eigentlich hätte ich auch dort aussteigen sollen, um an einer Leseveranstaltung teilzunehmen, aber ich hatte so viel Gepäck dabei, dass ich erst nach Hause fahren musste. Als ich vor unserer Haltestelle zur Tür ging und in dem Triebwagen nach rückwärts blickte, atmete ich erleichtert auf. Die „Geister" waren alle schon ausgestiegen, es waren nur mehr „normale" Fahrgäste im Wagon. Am Bahnhof trieben sich noch ein paar düstere Gestalten herum, die auf den Gegenzug warteten.

Ich war froh, als ich daheim war und auch ein wenig erleichtert, dass ich nicht mehr weg musste, denn das Literatentreffen war mittlerweile zu Ende gegangen. Von der Straße drang die Knallerei bis in die Wohnung. „Die armen Tiere", dachte ich mir dann immer und war froh, wenn meine Katzen nach Hause kamen.

Nun wartete ich auf meine Männer. Mein Mann nahm auf dem Heimweg von St. Pölten meinen Sohn mit. Ich hatte keine Lust auf Fernsehen, wollte weder einen Krimi noch sonst irgend etwas Brutales, Stumpfsinniges oder Freudloses über mich ergehen lassen. Ich setzte mich an den Computer und surfte im Internet. Es war nicht eingeheizt, und da es schon zu später Stund war, lohnte es sich nun auch nicht mehr. Als mir kalt wurde, legte ich mich ins Zimmer, deckte mich zu und drehte doch den Fernseher auf. Es dauerte noch eine Weile, dann kam Daniel ins Zimmer. Ich drehte sofort ab und wandte mich ihm zu.

„Weißt du, was das für ein Kostüm, ist das ich trage?" fragte er mich. Ich sah an ihm hinunter. Es war dunkel im Zimmer, wodurch seine Kleidung fast weiß wirkte. Er hatte eine helle Hose und ein graues Sweatshirt an. Auf dem Kopf trug er eine weiße Kappe mit der Aufschrift „Salvation" (Errettung), Die Schriftzüge standen auf einem Hinweispfeil, der auf ein Bild von Christus zeigte. Um die Mitte hatte er einen Gürtel umgeschnallt auf dem die Buchstaben „Truth" (Wahrheit) aufgefädelt waren, auf der Brust prangte eine große Plakette mit der englischen Bezeichnung der CTR (Choose the right - Wähle das Rechte) Klasse. In der linken Hand hielt er einen Schild mit der Aufschrift „Faith" (Glaube) während er in der rechten die Heiligen Schriften hochhielt.

„Na", fragte er. „Weißt du nicht, was ich anhabe?" Es klingelte noch immer nicht bei mir und ich schüttelte den Kopf.

„Ich habe die Rüstung Gottes an!" strahlte er. Der Schild des Glaubens und der Panzer der Gerechtigkeit, aus Karton gefertigt und mit Silberfarbe besprüht, hatten schon einige Zeit auf dem Boden vor seinem Bett gelegen. Als ich einmal beim Aufräumen helfen wollte, hatte ich schon überlegt, ob ich diese Gegenstände aus Pappe nicht wegwerfen sollte. Wie gut, dass ich es nicht getan hatte. Ich hatte keinen Ahnung gehabt, wie viel ihm das bedeutet hatte.

„Ich wusste nicht, wie ich den Helm des Heils darstellen sollte", sprach er weiter.

„Im englischen wird anstatt dem Wort Heil das Wort „Salvation" verwendet. Ich suchte im Internet. Ich habe eine Hinweistafel in Pfeilform gefunden und dann habe ich sie mir ausgedruckt und auf die Kappe geklebt. Daneben habe ich ein Bild von Jesus dazugefügt, auf den der Pfeil hinweist, denn Christus ist unser Retter", erklärte er voller Stolz.

„Toll", war das einzige, das ich herausbrachte, denn in mir regte sich etwas, das meine Stimme versagen ließ.

„Ich wusste auch nicht, was ich an den Füßen anziehen sollte, die Schuhe der Bereitschaft. Wie drückt man das aus?" Er hob kurz die Arme, dann zeigte er hinunter. „Da, sieh her!" streckte er mir sein Füße entgegen.

„Aha, du hast Schlüpfer angezogen. Die kann

man schnell anziehen!"

„Nein", schüttelte er den Kopf. Obwohl ich nichts erkannt oder erraten hatte, lächelte er noch immer. „Das sind meine Sonntagsschuhe. Wann habe ich die Schuhe der Bereitschaft, für das Evangelium zu kämpfen an?" Er machte eine kurze Pause. „Am Sonntag, oder wenn ich mit den Missionaren unterwegs bin!" beantwortete er seine eigene Frage.

„Ich wollte schon lange eine Rüstung Gottes haben, seit ich die Fireside mit John Bytheway gesehen habe, und heute habe ich sie angelegt!"

„Oh Gott", sagte ich in meinem Innersten „was ist das für ein besonderer Mann geworden! Fast überall auf dem europäischen Festland verkleiden sich die Leute heute zum Bösen, legen Masken an und verunstalten sich die Gesichter. Viel Gutes, weniger Gutes und Schlechtes geschieht in diesen Verkleidungen und sein einziges Bestreben an diesem Tag war; die Rüstung Gottes anzulegen.

Ich stand auf, legte meine Arme um ihn und drückte ihn ganz fest. Ein Ausspruch von Präsident Monson kam mir in den Sinn, in dem es hieß;

„Unser Tun sollte Zeugnis ablegen von der Art Mensch, die wir sein möchten ..."

Es schlägt ein Herz

Du siehst den Menschen, groß und stark
Und hast keine Bedenken
Kühn ist dein Wort, manchmal so arg
Um ihn damit zu kränken
„Er ist so stark, das hält er aus!"
Wird Einwand aufgehoben
Doch der Betroffne spricht nicht aus,
Welch Stürme in ihm toben

Es schlägt ein Herz in dieser Brust,
Das fähig ist zu leiden
Und wäre es dir bloß bewusst,
Du würdest das vermeiden

„Du bist zu dick! Du frisst zuviel!"
Sagt man dir in`s Gesicht,
Krankheit gehört nicht ins Kalkül,
Man mag dich einfach nicht.
Man weicht dir aus, man lässt dich steh´n
Und spricht mit dir kein Wort
Niemand kann deinen Kummer sehn,
Du wünscht dich ganz weit fort

Doch schlägt ein Herz in dieser Brust,
Das fähig ist zu sorgen,
Zu lieben, leiden und verzeihn,
Noch heut und nicht erst morgen

„Du bist zu alt! Komm, lass mich ran!
Ich kann das schneller, besser!"
Die Sätze wirken wie ein Bann,
Verwunden wie ein Messer,

Du fühlst dich doch wie eh und je,
Wähnst dich noch immer jung,
Doch diese Ansicht tut sehr weh,
In dir entsteht ein Sprung

Es schlägt ein Herz in dieser Brust,
Das fähig ist zu träumen,
Es ist noch voller Lebenslust
Und möchte nichts versäumen

„Was willst du hier? Geh in dein Land,
Aus dem du hergekommen!"
Das bringt dich fast um den Verstand,
Zu oft hast du`s vernommen
Es waren Hunger, Krieg und Leid,
Die dich daraus vertrieben
Du wolltest Frieden, allezeit,
Drum bist du hier geblieben

Schwer schlägt das Herz in dieser Brust,
Belastet von der Bürde,
Denn zu dem Schmerz und zu dem Frust,
Nimmt man ihm auch die Würde

Egal ob jung oder ob alt,
Ganz gleich von welcher Rasse,
Vollkommen oder ungestalt,
Niemand den andren hasse
Was er auch tut und wie er sei,
Füg ihm nichts Böses zu,
Denn es ist niemand fehlerfrei
Und fühlt vielleicht wie du

Es schlägt ein Herz in seiner Brust ...

Wenns herbstlt

Es is woarm wia im Summa
Oba herbstln tuats scho
Die Blattln werdn braun
Und folln teilweise oh

In der Fruah länger finster
Oba früher wird's Nocht
Die Zugvögel hobn sich
Noch Süden aufgmocht

Vormittog ziagt da Nebl
Üba Wiesn und Föld
Maunche Äcker werdn pflügt
Und fürs Fruahjoar bestöllt

Die Rebstöck im Weinberg
Hobn goldene Traubn
Im Goartn gibt's Äpfel
Und Birnen zum Klaubn

Da Summa is umma
Sein Zeit is zum Gehen
Oba rear eam net noch
Schau, da Herbst is a scheen.

Das Saunaprojekt

Mein Mann und ich sind begeisterte Saunisten. Als wir noch in Wien waren, träumte er davon, im Keller unserer Gemeindewohnung eine Saunakabine aufzustellen, aber es blieb nur beim Wollen.

So war es eigentlich nicht verwunderlich, dass wir auch viele Jahre später, auf unserem Anwesen, davon träumten, eine eigene Sauna zu haben.

Wenn wir bei unseren Rundgängen, die wir mit unseren Besuchern machten, sagten: „Und hier kommt die Sauna hin", dann sahen alle nur die finstere, kalte, mit altem Reisig und Gerümpel gefüllte Futterkammer. Niemand konnte sich wirklich vorstellen, wie es einmal aussehen würde. Ehrlich gesagt, ich auch nicht, aber wir hörten nicht auf, davon zu träumen.

Die Renovierung unserer Nebengebäude begann sich zu verzögern, als mein Mann in Pension ging. Wir mussten sehr sparen. Zum Baumarkt fuhren wir nur mehr ganz selten. Eines Tages aber sahen wir dort eine tolle Sauna ausgestellt. Wir betrachteten sie genauer. Sie war etwas größer als jene, die wir uns bisher angesehen hatten, aber sie entsprach unseren Vorstellungen. Lediglich ... der Preis passte nicht. Wir mussten eben noch sparen oder warten, bis ein günstigeres Angebot kam.

Als wir wieder einmal in diesen Baumarkt fuhren, war ausgerechnet jenes Ausstellungsstück im Abverkauf. Es war fast um die Hälfte verbilligt. So eine Chance gab es nicht jeden Tag.

„Glaubst du, dass sie in unsere Futterkammer hineinpasst?" fragte mich Otto.

Ausgerechnet mich fragte er! Er war der Tischler. Er hatte das „Augenmaß" bei solchen Dingen.

„Ich glaube schon", meinte ich optimistisch und in der Hoffnung, dass unser Traum nun näherrückte. Ich leistete eine Anzahlung, den Rest musste ich abstottern.

Damit mein Otto die Sauna wieder zusammenbauen konnte, vereinbarten wir mit dem zuständigen Abteilungsleiter, dass mein Mann beim Abbau dabei sein würde.

Aber leider, am Tag vor dem Termin wurde Otto krank. Natürlich wartete die Firma mit der Demontage nicht, bis er wieder gesund war.

Als das gute Stück schließlich geliefert wurde, war ich entsetzt. Ich schlug die Hände zusammen. Vor mir lagen ein Haufen Bretter, ein Saunaofen und eine große Glastüre. Bauanleitung gab es keine.

„Mach dir keine Sorgen", beruhigte mich mein Gatte. „Ich mache das schon, schließlich bin ich gelernter Tischler!"

Ich seufzte ergeben.

Mit den Aufräumungsarbeiten in der Futterkammer wurde es nun ernst. All die Jahre hatte ich von dem großen Reisighaufen Zweige entnommen und zum Einheizen verwendet. Nun musste plötzlich alles weg. Ich fischte was noch nach Brennmaterial aussah heraus und schlichtete es in Kartons. Da hier das Dach undicht war, waren die abgefallenen Nadeln des Reisigs schon teilweise vermodert. Mit einer Schaufel schippte ich den Rest in eine Scheibtruhe und leerte ihn auf den Komposthaufen. Den Schutt, der sich hier angesammelt hatte, heruntergefallene Dachziegel, aus der Mauer gebrochene Steine und abgebröckeltes Mauerwerk karrte ich auf einen anderen Haufen, der mittlerweile schon zu einer beachtlichen Höhe angewachsen war. Als ich den Boden aufgekehrt hatte, hob ich die Holzbretter neben dem Stallgang hoch. Darunter war ein großer Hohlraum. Da hinein floss einst die Gülle aus den Schweinekoben. Der Betonboden über dem restlichen Teil sah mir verdächtig dünn aus.

„Meinst du, dass der Boden das Gewicht von der Sauna aushält?" fragte ich meinen Mann.

„Ich denke schon."

„Und wenn wir dann alle drinnen sitzen auch noch?"

Er zuckte die Achseln. Konnte sein, aber was wenn nicht?

„Der Schutthaufen ist schon sehr hoch. Füllen wir diese Grube einfach damit an", schlug ich vor.

„Jetzt? Wo wir gerade alles weggeführt haben?!" knurrte Otto. „Das hätten wir einfacher haben können!"

Abgesehen davon, dass wir das eben weggeführte nun wieder heranschaffen mussten, war der Hohlraum so niedrig, dass man nicht einmal gebückt gehen konnte. In der Hocke bewegte ich mich unter dem Boden vorwärts. Die großen Steine konnte ich nicht heben, um sie ganz nach hinten zu schaffen. Ich musste sie rollen und sehen, wie ich sie danach irgendwie aufeinander bringen konnte. Es war stickig, eng, finster und voll mit Spinnweben, die mir ins Gesicht hingen. Natürlich konnte ich die Jauchegrube nicht ganz füllen, aber immerhin hatten wir die Gewissheit, wenn der darüber liegende Boden wirklich einmal durchbrach, konnten wir nicht tief fallen.

Der Zusammenbau der Saunakammer war Ottos Geschäft. Ich arbeitete am nächsten Tag und wollte mich dann abends, wenn ich heimkam von seinem Werk überraschen lassen.

Ich war tatsächlich überrascht, aber anders als erwartet. Die Sauna war nicht aufgebaut, stattdessen fehlte die Außenmauer der Stallwand! „Du wirst es nicht glauben, die Sauna hat nicht hineingepasst!" erklärte mir mein Mann.

Ich glaubte ihm, denn umsonst hätte er sich die Arbeit nicht angetan.

„Nicht einmal zehn Zentimeter war sie zu groß und ich wollte nicht die Saunabretter abschneiden ... und dann habe ich naja, du siehst ja ... "

Irgendwie erschütterte mich der Verlust dieser Mauer nicht. Ich wollte ohnehin, dass die Türen der Nebengebäude nicht ins Freie, sondern auf den überdachten Mittelgang führten, damit man nicht so viel Schmutz hineintrug.

Der rückwärtige Teil des Raumes war nur mit Holzplanken verschlossen gewesen, und nachdem Fenster und Türstock herausgerissen waren, war ohnehin nicht mehr viel von der Mauer übrig gewesen.

Otto schaffte es, die Saunakammer auch ohne Bauanleitung aufzubauen. Einzig die Anordnung der Bretter mit den Ausnehmungen für die Lüftung und Leitungen war nicht ganz korrekt, aber in Holzlatten ein Loch an der richtigen Stelle zu bohren war ja kein Problem. Ich konnte es kaum glauben, als ich zum ersten Mal die fertig gezimmerte Sauna betrat. Sie sah aus wie in dem Geschäft, nur nun stand sie bei uns zuhause.

Wir kachelten den Boden, und kurz danach weihten

wir das gute Stück ein. Ahh, war das herrlich! Draußen war es nass und kalt, und hier umfing uns wohlige Wärme. Ich saß, mit dem Rücken an die Wand gelehnt, auf dem unteren Brett, Otto hatte sich auf der höheren Etage hingesetzt.

Während wir uns unterhielten, beugte er sich kurz nach vor, und da passierte es. Seine Plattform kippte nach vor und fiel mitsamt ihm auf die tiefere herunter. Diese konnte das Gewicht von beiden nicht tragen und krachte mit uns beiden unter großem Getöse auf den Boden.

Da saßen wir nun, zwischen Leisten und Latten. Nach dem ersten Schrecken konnten wir sogar lachen. Meine Rückenwirbel waren über die Bretter geschrammt und schmerzten, aber ansonsten war nichts passiert. Niemand hatte sich verbrannt oder böse verletzt, und auch der Boden hatte diesen Sturz ausgehalten.

Am nächsten Tag reparierte Otto die Etagen, verstärkte die Auflagen an den Wänden und seitdem haben wir nur mehr genossen.

Wenn die Sauna nicht in Betrieb ist, ist sie unser kältester Raum. Im Sommer, wenn etwas kühl zu lagern und im Kühlschrank kein Platz mehr ist, halte ich die Lebensmittel dort frisch.

Nur unsere Gäste, die diesen Umstand nicht kennen, sind erstaunt, wenn sie hören, dass die Getränke in der Sauna gekühlt wurden.

Wos die Jugend steart

Amoi sitz i im Zug und dabei hob i g`heart
Wos die Jugend so redt üba uns, wos eah steart
A Madl hot si für ihr`n Vota geniert
Er is net sehr g`scheit, hot a nie wos studiert

Geg`nüba von ihr, do schimpft jetzt a Bua
Sei Muatta dei ziagat si aun wie a Hua
An aunderen wieder her i leise sog`n
Dass er`s nimma derleid`t waun die Ötan ihn schlogn

I bin gaunz entsetzt, wos de olle erlebn
weil so a Dramatik hots bei uns nia gebn
Des Herz tuat ma weh doch daun muaß i mi frog`n
Worüba si unsere Kinder beklog`n

Vom Handy di Kort`n is länga scho laa
Des Toschengeld föhlat scho seit Februar
A bissl mehr furtgeh`n und länga ausbleib`n
Des g`follat der Tochter, des kunnt si daleid`n

Der Sohn is scho ölter, is sei eigener Herr
Der fühlt si genervt von da Mutta ihr`m G`scher
Des Erinnern und Mahnen, des geht eam net do
Oba wosch`n und Bügl`n, des derf i grod no.

Woarts nua oh, meine Liab`n, es kummt scho die Zeit
Nocha werd`s ihr bestimmen, grod a so wia mia heit
Ma faungt aun volla Eifa, doch es is net so leicht
Fia den, der sei Züh net gewaltsam erreicht

Ma faugt aun oisa klana und spüht späta den Herrn
Es kriagt jeda a Chance si im Leb`n zu bewähr`n
Moch`s guat, jo moch`s bessa, daun wirst`d as
schon hearn
Ob die Kinda di lob`n, oda si sich beschwer`n.

Was die jungen Leut´ stört
(Übersetzung ins Hochdeutsche)

Ich fuhr einst mit der Bahn und hab dabei gehört
Was die Jugend so spricht über uns, was sie stört
Ein Mädchen hat sich über´n Papa mokiert
Er sei nicht sehr klug, hätte nie was studiert

Gegenüber von ihr sagt ein Bursch ärgerlich
Seine Mutter seh´ aus, so als ging sie am Strich
Einen anderen wieder hör ich leise sagen
Dass er nicht mehr erträgt, wenn die Eltern ihn schlagen

Ich bin ganz entsetzt, was die alle erleben
Bei uns hat derartiges nie gegeben
Das Herz tut mir weh, doch auch ich muss mich fragen
Worüber sich unsere Kinder beklagen

Das Wertkartenhandy ist länger schon leer
Das Taschengeld kommt auch nicht monatlich mehr
Ein wenig mehr ausgehen bis zu später Stund
Das gefiele der Tochter, so tat sie mir kund

Der ältere Sohn lebt schon häuslich allein
Der fühlt sich genervt vom bemuttert zu sein
Das Erinnern und Mahnen, darauf kann er verzichten
Aber putzen darf ich und die Wäsche richten

Wartet ab, meine Lieben, auch für euch kommt die Zeit
Und ihr werdet bestimmen, grade so wie wir heut
Man beginnt voller Eifer, doch ist es nicht leicht
Für den, der die Ziele gewaltlos erreicht

Ganz klein fängt man an und spielt später den Herrn
Jeder kriegt eine Chance, sich im Leb´n zu bewähr´n
Nütz sie gut, mach es besser, danach hörst du sie sagen
Ob die Kinder dich loben, oder sie sich beklagen

Der Fenstertausch

So urig die alten Kastenfenster in unserem Bauernhaus auch aussahen, ich sah stets die Nachteile, die überwogen; die kleinen, unterteilten Scheiben waren mühsam zu putzen, die Fensterflügel ließen sich schlecht öffnen und schließen, waren teilweise beschädigt und klirrten, wenn ein großer Laster vorbeifuhr.

Ich wünschte mir große, ungeteilte Glasflächen. Natürlich dauerte es einige Jahre, bis mein Wunsch in Erfüllung ging.

Zuerst tauschten wir die Fenster in der Küche. Dieser Teil des Hauses war später angebaut worden und die Mauern somit bereits mit Ziegeln errichtet. Da die Hauswand jedoch Sprünge aufwies, die von Erdbeben verursacht wurden, war dieses Unterfangen dennoch nicht ungefährlich.

Nach dem Fenstertausch wollten wir die Fassade im Hof streichen. Otto baute mit den vorhandenen Leitern ein Gerüst. Ein früher Wintereinbruch verhinderte jedoch unser Vorhaben, und so konnten wir erst im darauffolgenden Jahr zur Tat schreiten.

Das Malen war immer mein „Geschäft". Wir verputzten gemeinsam, aber das Abschleifen und Streichen wurde mir überlassen. Stolz war ich auf unser Werk, und kaum war es geschafft, so wünschte ich mir, auch die Fenster an der Straßenseite durch neue zu ersetzen.

Wenn man in einer Familie gut miteinander auskommen möchte, so darf das Erfüllen von Herzenswünschen nicht immer nur eine Seite zufriedenstellen. Otto fand, dass er nun an der

Reihe sei. Die Sauna, an der ja alle Gefallen und Nutzen haben würden, wurde vorgezogen.

So vergingen einige Jahre, bis das Fensterprojekt an der Straße wieder spruchreif wurde. Mein Mann hatte sehr günstig gebrauchte Doppelglasfenster erworben, ähnlich jenen in der Küche. Als es warm wurde, begannen wir im Zimmer, das meine Mutter einst bewohnt hatte, die Fenster herauszureißen. Die neuen waren etwas größer und würden die Räume heller und freundlicher machen.

Dass nach dem Austausch der Fenster der Raum neu ausgemalt werden musste, leuchtet jedem ein. Der Bodenbelag war bei dem Umbau beschädigt worden.

„Meinst du nicht, dass wir jetzt, wo das Zimmer leergeräumt und ausgemalt ist, auch gleich einen neuen Fußboden verlegen sollten?" fragte ich meinen Mann und blinzelte ihn treuherzig an.

„Frauen!" sagte Otto und knurrte. „Wenn man ihnen den kleinen Finger zeigt, fressen sie einem den ganzen Arm ab!"

Aber mein Blick hatte gewirkt. Wir fuhren in den Baumarkt und kauften einen günstigen Laminatboden.

Beim nächsten Raum, den wir in Angriff nahmen, war die Arbeit nicht mehr so einfach. Diese Mauer war mit Steinen gebaut und sechzig Zentimeter dick. Hier musste von zwei Seiten ans Werk gegangen werden. Innen stand er auf einer Leiter, außen arbeitete er auf einem selbstgebastelten Brettergestell.

Im Wohnzimmer, das einer der dunkelsten Räume war, wollten wir ein Fenster einbauen, das länger war, als das ursprüngliche. Sowohl die nötige Breite als auch die Mauerstärke sorgten für einen ordentlichen Berg Schutt. Es ließ sich nicht verhindern, dass dabei Steine auf die Straße fielen. Um die Fahrbahn möglichst schnell wieder zu räumen, schaufelte Otto das Geröll wieder ins Wohnzimmer. Anstatt gleich draußen alles in eine Scheibtruhe zu verfrachten, karrten wir alles umständlich durch das Schlafzimmer nach draußen. Das Ausstemmen war nicht an einem Tag zu schaffen. Um die große Öffnung am Abend einigermaßen zu verschließen, stellte mein Heimwerker einfach das alte Kastenfenster wieder hinein und befestigte daneben, so gut es ging, ein paar Bretter.

Etwas ängstlich verfolgte ich am nächsten Tag die Vergrößerung der Fensteröffnung, um das Überlager einstemmen zu können. Immer war die Sorge dabei, dass die Decke dabei herunterbrechen würde.

Ich war gerade beim Kochen, als das Telefon klingelte. Es war die Nachbarin.

„Ihr Mann liegt auf der Straße!"

„Oh mein Gott!" Mir war, als drückte eine eiserne Faust mein Herz zusammen. Ich drehte die Kochplatten ab und rannte hinaus.

Blass und zusammengesunken saß er neben einer Frau auf der Gehsteigkannte.

„Was ist passiert?" fragte ich entsetzt.

„Ich habe gerade gemessen, ob die Breite für das Überlager schon ausreicht. Ein Stein war noch auszustemmen. Beim letzten Hammerschlag, den ich gemacht habe, ist plötzlich mein Gerüst zusammengebrochen. Ich bin nach rückwärts auf die Fahrbahn gefallen, und wie ich die Augen wieder aufgemacht habe, bin ich unter einem Auto gelegen!"

„Ich habe ihn nicht angefahren", verteidigte sich die Dame, die offensichtlich die Lenkerin jenes Wagens war, „ aber der Schreck sitzt mir noch in den Gliedern, als er vor mir auf die Straße fiel. Zum Glück bin ich nicht schnell gefahren und konnte rechtzeitig stehen bleiben!"

„Du blutest am Hinterkopf!" sagte ich erschrocken.

„Wir haben schon die Rettung verständigt!" versuchte sie, mich zu beruhigen.

Die Sanitäter kamen kurz danach und legten Otto auf eine Trage. Ich hätte zwar im Rettungswagen mitfahren können, aber das Heimfahren mit öffentlichen Verkehrsmitteln wäre sehr umständlich gewesen.

„Ich komme mit dem Auto nach", sagte ich.

Ehe ich losfuhr, räumte ich die Bretter von Ottos „Gerüst" vom Gehsteig weg und trug das „Achtung" Schild, das mein Mann aufgestellt hatte, wieder in den Hof. Dann fuhr ich nach Neunkirchen ins Spital.

Otto lag noch immer am Gang. Ich streichelte seine Hand. Er zwar schon geröntgt worden, doch mussten wir noch auf das Ergebnis warten. Bleich und mit eingefallenen Wangen lag er da. Sein silbriges Haar erschien mir weißer als sonst und ließ ihn noch älter erscheinen. Ja, er war eben keine vierzig oder fünfzig mehr, und Stürze wurden immer gefährlicher.

Endlich wurden wir in den Behandlungsraum gerufen. Es war zwar nichts gebrochen, doch wegen dem Verdacht auf eine Gehirnerschütterung musste er zur Beobachtung im Krankenhaus bleiben.

Der Nachmittag war schon weit vorangeschritten, als ich nach Hause kam. Ich hatte noch nicht Mittaggegessen, aber weder Hunger noch Appetit. Ich glaubte nicht daran, dass Otto eine Gehirnerschütterung hatte, aber was, wenn doch? Wie würde es dann weitergehen? Wer würde dann weiterarbeiten? Viele Fragen gingen mir durch den Kopf, auf die ich keine Antwort wusste.

„Kannst du eine Elle zusetzen, so du dir Sorgen machst?" zitierte Otto in kniffligen Situationen immer die Bibel. Natürlich nicht.

Die beste Therapie gegen Sorgen war und ist Beschäftigung. Ich begann, den Schutt aus dem Zimmer zu karren. Als das erledigt war, erschien mir die Maueröffnung noch größer als zuvor. Ein Pferd hätte ins Wohnzimmer springen können. Womit sollte ich das riesige Loch verschließen, damit es nicht gleich jeden einlud, hereinzusteigen? Den alten, schweren Fensterstock konnte ich alleine nicht hineinheben. Ich musste mir etwas anderes einfallen lassen. Sehr schnell hatte ich auch eine Idee. Ich nahm wieder die Scheibtruhe, doch anstatt Schutt wegzuführen, fuhr ich mit Ziegelsteinen hinein. Ich schlichtete sie mit Zwischenräumen bis zur dreiviertelten Höhe des Fensters auf und lehnte danach noch ein paar Bretter dagegen. Das war das Beste, was ich machen konnte und musste für meine Sicherheit genügen.

Ich schlief dennoch nicht besonders gut in jener Nacht. Von Alpträumen geplagt, war ich froh, als der Morgen graute. Am späten Vormittag kam endlich der erlösende Anruf, dass ich meinen Mann wieder abholen konnte. Der Sturz war zum Glück glimpflich verlaufen.

An diesem Tag gönnte er sich noch Ruhe, aber am nächsten arbeitete er bereits wieder weiter. Er kaufte ein kleines Gerüst, da noch weitere Fenster auszustemmen waren. Die restlichen Arbeiten verliefen ohne Zwischenfälle.

Während jener Zeit in der Otto auf der Straße draußen an den Fenstern arbeitete, hatte er viele Gespräche mit Einheimischen, die sonst nicht möglich gewesen wären. Anfangs hatten wir unser Tor immer unversperrt gelassen, aber als sich nach unserem Einzug die unaufgeforderten „Besuche" von Fremden auf unserem Anwesen gehäuft hatten, schlossen wir ab. Es gab kaum mehr Kontakte. Wir grüßten unsere Nachbarn oder winkten ihnen aus der Entfernung , wenn wir wegfuhren oder heimkamen. Das war alles.

Nun bot sich eine neue Gelegenheit, mit den Dorfbewohnern zu sprechen. Während die einen seinen Mut bewunderten, rieten ihm andere zu einem Facharbeiter. Die Kommentare reichten von der Aufforderung, beim Ausstemmen mit einer Stange Dynamit nachzuhelfen, bis zur Achtung darüber, was er selbst alles bewerkstelligte und der dazugehörigen Ausdauer. Er bekam sogar Angebote, bei anderen Hausbesitzern neue Fenster einzubauen, die er allerdings ablehnte.

Die Teppichböden im Wohnzimmer und im Schlafraum haben den Strapazen des Umbaus nicht standgehalten. Das erkannte auch mein Gatte und kaufte gleich für beide Zimmer Laminatböden.

Inzwischen hat uns das Gerüst bereits in vielen anderen Situationen gute Dienste geleistet. Sparen ist gut, aber eine Investition, die helfen kann, Leid zu verhindern, ist sicher besser.

Ein Wink des Himmels

Der Monat neigte sich dem Ende zu. Die Finanzen waren knapp. Wir hatten uns bei einem unserer Projekte in der Kalkulation verrechnet. Es war unversehens teurer ausgefallen, als geplant und nun war „Schmalhans" unser aller Begleiter.

Während meine Männer im Baumarkt jene Teile besorgten, die zur Fertigstellung unseres Gewächshauses unbedingt noch notwendig waren, ging ich in den großen Supermarkt, der gleich in der Nähe war. Ich wollte nur ein wenig Obst und Gemüse nachkaufen. Dafür reichte mein Budget gerade noch.

Ohne meinen Blick auf andere Dinge abschweifen zu lassen, ging ich durch das Geschäft. Es hatte keinen Sinn, seine Aufmerksamkeit auf Sonderangebote zu richten, wenn kein Geld dafür übrig war.

Ich legte das Obst und Gemüse in meinen Einkaufswagen und ging in Richtung Kasse. Als ich an der Kühlvitrine vorbeischritt, sah ich einen grünen Zettel am Boden liegen. Er sah aus, wie ein leeres, zusammengefaltetes Stickerkuvert, das hier im Geschäft an Kunden abgegeben wurde.

Ich hob es auf, und als ich begann, das Papier auseinanderzufalten, sah ich, dass es ein Geldschein war; hundert Euro.

„Könnte ich gerade gut gebrauchen", dachte ich mir. „Ein Wink des Himmels! Ein Geschenk des Schicksals!"

Ich blickte mich um, ob irgendjemand gesehen hatte, dass und vor allem was ich aufgehoben hatte. Skrupel?! Versteckte Kamera vielleicht??!!

„Wenn du ein schlechtes Gewissen dabei hast, das Geld zu nehmen, dann kann es ja wohl kein „Wink des Himmels" sein, oder?" sagte eine innere Stimme zu mir.

Mein „Geschenk des Schicksals" würde jemand anderen vielleicht in Schwierigkeiten bringen. Die Versuchung währte nur einen kurzen Augenblick. Ich blickte auf den Geldschein in meiner Hand. Er war ganz klein zusammengefaltet. Ich war mir sicher, dass jemand Älterer ihn verloren hatte. Ich hatte den Eindruck, dass es aufgespartes Vermögen war, aufbewahrt bis zu diesem Augenblick. Nun ging der oder die Kundin einkaufen, mit dem letzten Geld und würde erst beim Bezahlen feststellen, dass er es verloren hatte. Wie würde er reagieren?

Er würde sich auf jeden Fall aufregen. Von Hysterie bis tiefster Traurigkeit war alles möglich. Angesichts der Tatsache, dass er sich nun bis zum Ersten gar nichts mehr leisten konnte, vielleicht nicht einmal mehr ein Brot, würde er sicher sehr betroffen sein. Wenn es in meiner Hand lag, das zu ändern, dann wollte ich es tun.

Ich ließ meinen Einkaufwagen stehen und rannte zur Kasse. Ich drückte das Geld einer der Kassiererinnen in die Hand und sagte, dass und wo ich es gefunden hatte.

Erleichtert atmete ich auf. Irgendwie fühlte ich mich wie von einer Last befreit. Seltsamerweise fühlte ich mich reicher.

Für mich spielte es keine Rolle, ob das Geld zu seinem Besitzer zurückgelangen würde. Ich hatte meinen Teil dazu beigetragen.

Als ich kurz darauf meinen Einkauf bezahlte,

hörte ich, wie sich zwei Kassiererinnen darüber unterhielten, dass jemand hundert Euro gefunden und an der Kasse abgegeben hatte. Sie freuten sich darüber, dass es noch ehrliche Finder gab. Sie wussten nicht, dass ich es war und ihr Lob erfreute auch mich.

Der gläserne Traum

Traum und Wirklichkeit sind manchmal ganz nahe beisammen oder, wie in diesem Fall, Jahrzehnte voneinander entfernt.

„Heute habe ich mein Traumbad gesehen", sprudelte Otto hervor, als wir uns trafen. Er hatte in einem Schloss übernachtet.

„Ich habe in einem Himmelbett geschlafen!"

„Oh, wie schön!" folgte ich ihm in Gedanken.

„Als ich morgens ins Bad ging, war ich überwältigt."

Er machte eine wirkungsvolle Pause ehe er weiter sprach.

„Der Boden und die Wände waren mit grünem Marmor ausgelegt. In der Mitte des Raumes, erhöht auf ein paar Stufen, stand eine Badewanne. Sie hatte eine hohe Rückenlehne und war wie eine Muschel geformt", schwärmte er.

„So ein Bad möchte ich auch einmal haben, aber ich möchte, dass die Wanne aus Glas ist!" träumte er weiter.

Ich hatte das Bild einer Werbung für Badezusätze vor mir, in der sich eine wohlgeformte Frau in einer gläsernen Wanne räkelte. Das Wasser war grün und ließ nur die Silhouette ihres Körpers erkennen.

„Schatz, ich sehe dich vor mir, wie du die marmornen Stufen empor schreitest, deinen Morgenrock öffnest und über die Schultern gleiten lässt, ehe du in das Wasser eintauchst und selbst dann kann ich deinen schönen Körper sehen und bewundern …"

Ich lächelte; nicht träumerisch, so wie er, sondern

eher nachsichtig. Marmorne Fliesen??? Eine Wanne aus Glas??? Wir waren nicht so sehr mit materiellen Gütern gesegnet, dass wir uns so etwas leisten könnten. Es gab auch von keiner Seite eine Erbschaft zu erwarten, mit der solche Träume finanzierbar geworden wären. Es würde Jahre dauern, um sich so etwas zu ersparen!!

„Mein Liebling, das würde mir auch gefallen", begann ich „aber glaube mir, bis wir uns das leisten können, ist es besser, wenn die Wanne nicht mehr durchsichtig ist!"

Inzwischen sind fast vierzig Jahre vergangen. Die gläserne Wanne geriet in Vergessenheit.

Als wir in unser Bauernanwesen zogen, gab es neue Träume, von Anfang an. Wenn mein Mann Besucher herumführte, durch Ställe voller Schmutz und Gerümpel und sagte: „Hierhin kommt die Sauna, da das Tauchbecken und dort in die Ecke der Whirlpool", so nickten unsere Gäste ebenso nachsichtig, wie ich vor Jahrzehnten.

Nun haben wir fast alles verwirklicht. Der letzte unserer Träume steht bereits verpackt im Hof und wartet auf die Montage durch den Installateur.

Als wir das gute Stück im Ausstellungsraum besichtigten, stieß Otto mich in die Seite und tuschelte: „Hast du gesehen? Die Wanne hat ein Glasfenster!!??"

In der Mitte der Wanne befand sich ein Fenster in der Form eines Dreiecks.

Ich überlegte kurz. Wenn ich badete, würde ich rechts oder links davon liegen und wenn das Wasser sprudelte, würde man ohnehin nichts sehen.

„Das genügt", sagte ich und lächelte.

Wasser, Wasser, Wasser

Es begann damit, dass der Installateur unsere Dampfduschkombination mit Whirlpool nicht aufstellen wollte. Alleine für die Montage der Anschlüsse hätte er eine Summe verlangt, die wir nicht bereit waren, zu bezahlen. Und das, obwohl die Leitungen bereits gelegt waren.

Warum, das wurde uns erst später klar, aber das ist eine andere Geschichte.

Nun mussten meine Männer selber ran, und sie trauten sich das auch zu.

„Frisch gewagt ist halb gewonnen", meinten sie optimistisch.

Zum „Üben" wollten sie vorher die Dampfdusche aufstellen.

Diese war ein günstiges Ausstellungsstück gewesen und wurde vormontiert geliefert. Sie sollte das große Badezimmer zieren. Dort gab es zwar eine Dusche, aber keine Kabine, sondern nur eine Brause mit Duschvorhang.

Es wurde nicht lange gefackelt. Kurz entschlossen wurde die alte Duschtasse abmontiert und mit einem Abbruchmeißel die Sitzstufe davor abgestemmt, denn dafür war nun kein Platz mehr. Die Probleme begannen, nachdem alle Vorbereitungsarbeiten erledigt waren.

„Ich würde gerne die Waschmaschine einschalten", fragte ich. „Ist das jetzt noch möglich?"

„Ja, die Wasserrohre sind verstöpselt, du kannst waschen", sagten meine Optimisten und verschwanden mit dem Auto Richtung Baumarkt. Also schaltete ich nichts ahnend die Waschmaschine ein. Diese steht in der anderen

Ecke des Raumes. So fiel mir nicht sofort auf, dass aus dem noch vorhandenem Abflussrohr der abgebauten Dusche Wasser ausgetreten war.

Ja – dann aber begann die Schwemmphase, und ich war gerade anderweitig beschäftigt.

Bei meinem nächsten Kontrollgang erwartete mich eine böse Überraschung. Das Badezimmer war zu einem See geworden.

Durch den Druck der Pumpe beim Schwemmen kam das Wasser am anderen Ende aus dem Abfluss; aus dem Abfluss war ein Ausfluss geworden, der zu allem Übel auch noch die Ablagerungen aus dem Rohrnetz mitlieferte.

Voller Abscheu betrachtete ich die schmutzige Brühe.

Ärgerlich griff ich zum Handy und rief meine Männer an. In diesem Moment hätte ich sie würgen können.

„Ihr habt den Abfluss von der Dusche vor dem Wegfahren nicht zugemacht, und jetzt habe ich eine Sauerei im Bad!" schimpfte ich.

„Hast du das Rohr nicht mehr zugestöpselt?" hörte ich Otto unseren Sohn fragen.

Schweigen am anderen Ende – erst ein Räuspern, dann kam die Ansage:

„Tu dir nichts an und wisch auf! Ist ja nur Wasser!! Was glaubst du, wie oft ich das schon gemacht habe!"

„Aber es schaut so grindig aus!"

„Ach was, sei froh, dass das Abwasser nicht vom Klo gekommen ist!"

Ich schnaufte. Das war seine Art, mich zu trösten, und sie funktionierte immer wieder. Tja, es hätte schlimmer kommen können.

Irgendwie ging mir der Gedanke nicht mehr aus dem Kopf, dass meine beiden Heimwerkerinstallateure alle Katastrophen, die nur möglich waren, geradezu heranzogen.

Als sie wieder zurück waren, empfing ich sie mit den Worten „Ich glaube, ihr seid dabei eine neue Berufsspezies zu gründen?"

Erwartungsvoll lächelnd blickten sie mich an.

„Ihr seid Installmalheure!"

Überlastet

Zwei Tage waren Otto und Daniel unterwegs gewesen, um diverse Zusatzteile, die für die Montage unserer neuen Dampfdusche erforderlich waren, zu besorgen.

Nun endlich konnten sie den Durchlauferhitzer montieren. Wie üblich, funktionierte er nicht auf Anhieb.

Otto, der bei den diversen Versuchen immer wieder vom Wasser angespritzt wurde und schon ziemlich durchgefroren war, hatte vor, sich in der Sauna aufwärmen. Also stellte er diese an, und sie hantierten weiter an dem Gerät.

Ich arbeitete in der Küche.

Plötzlich rumpelte es. Ich kannte das Geräusch, und es verhieß nichts Gutes. So klang es nämlich, wenn der Kühlschrank ausfiel. Mein Blick dorthin zeigte mir, dass die Kontrolllampe des Tiefkühlschranks nicht brannte. Ebenso dunkel waren die Standby-Anzeigen beim Fernseher und Receiver.

Durch den Ausfall der Pumpe der Zentralheizung, begann die Wassertemperatur gefährlich anzusteigen.

Eben jetzt, da ich den Ofen wegen der vorherrschenden Kälte voll angefüllt hatte. Das machte mir Sorge.

Auf meinem Weg ins Badezimmer fiel mir auf, auch der neue Tiefkühler im Vorzimmer, war ausgefallen.

„Hee, was habt ihr gemacht?" rief ich. „ In der Küche ist der Kühlschrank ausgefallen, der Fernseher geht nicht mehr und der Tiefkühler im

Vorzimmer geht auch nicht!!"

Die Männer schienen mich nicht zu hören. Sie hatten mit ihrem Durchlauferhitzer gerade einen Durchbruch. Ohne auf meine Beschwerde einzugehen riefen sie mir freudig zu.

„Sieh mal, der Durchlauferhitzer funktioniert! Wir lassen gerade die Badewanne damit ein! Das Wasser hat 58 Grad!!"

„Das ist ja toll. Nur, dass in der Küche außer der Beleuchtung nichts mehr funktioniert, finde ich nicht so toll!"

Sie waren ernüchtert.

Also ging Daniel ins Schlafzimmer und öffnete den Sicherungskasten. Es war kein Schutzschalter gefallen. Otto ging in den Hof und sah draußen bei den Sicherungen nach. Mittlerweile fiel das Licht in der Küche auch noch aus. Nun saß ich komplett im Dunkeln. Mit dem Lichtschein des Laptops suchte ich nach Zündern, um eine Kerze anzuzünden.

Mit kritischen Augen beobachtete ich, wie die Temperaturanzeige der Zentralheizung weiter anstieg, denn auch diese Pumpe hing an dem Stromkreis, der ausgefallen war. Darüber machte ich mir mehr Sorgen, als über den Tiefkühler.

Mittlerweile ging das Licht wieder an. Glücklicherweise gibt es in unserem Haus vier Stromkreise. Dadurch gibt es immer noch eine Notlösung.

Otto schloss die Pumpe mit einem Verlängerungskabel an einen anderen Stromkreis an.

„Ihr habt die Leitungen überlastet", sagte ich zu

meinem Mann. „Sauna, die elektrischen Heizkörper im Nebengebäude und der Durchlauferhitzer sind zu viel!"

Vielleicht hätte ich sie doch nicht „Installmalheure" nennen sollen, überlegte ich, denn nun zogen sie die Pannen geradezu an.

„Kann sein", ging Otto auf meine Bemerkung ein. „Daniel arbeitet noch und versucht, den Fehler zu finden. Entspann dich! Leg dich ins Bett und schau dir im Fernsehen was an!"

„Aber in meinem Zimmer funktioniert ja nichts, nicht einmal das Licht!"

„Na, dann leg dich in mein Zimmer, dort ist Strom", sagte Otto großzügig.

Das tat ich.

Daniel erkannte, dass in der Starkstromleitung nur zwei Phasen funktionierten.

Dagegen konnte zu dieser Stunde nichts gemacht werden. Die Sauna war auch ausgefallen.

Also gingen meine beiden Heimwerker auch zu Bett.

Otto und ich haben einen sehr unterschiedlichen Schlafrhythmus und auch unterschiedliche Interessen beim Fernsehen. Darum hat jeder sein eigenes Zimmer und ein eigenes Fernsehgerät.

Ich hatte mir schon einen Film ausgesucht, den ich mir abends unbedingt ansehen wollte, aber er war nicht nach dem Geschmack meines Mannes. Nachdem er eine Weile zugesehen hatte und merkte, dass ich immer wieder wegsackte, meinte er darum „Sag mir, wenn du eingeschlafen bist, dann sehe ich mir was anderes an!"

Ich lächelte still und dachte mir: „Nicht nur die Leitungen waren überlastet!"

Nachts

Wenn mich nachts der Hunger plagt
Bin ich manches Mal verzagt
Wag mich nicht zum Bett hinaus
Das in meinem eig`nen Haus

Weil des Nachts in allen Ecken
Geister und Dämonen stecken
In den Winkeln, hinter Mauern
Finstere Gestalten lauern

Balken knistern, Treppen knarren
Lassen mich zu Eis erstarren
Wird nun ein Gespenst erscheinen
Soll ich schreien oder weinen

Gänsehaut macht mir das Heulen
Von den Käuzen und den Eulen
Sturmgetöse, Türen schlagen
Spannung, nicht mehr zu ertragen

Da, vor mir Teufelsgesichter,
gelbe, rote, grüne Lichter
in dem Fenster, Augen gleich
meine Knie werden weich

Hör ein leises, dumpfes Grollen
Spür was um die Füße rollen
Da - ein Schrei und dann der Schmerz
In dem Fuß - mir stockt das Herz

Zitternd knips ich an das Licht
Vor mir - schwarz ein Angesicht
Gelbe Augen groß und rund
Und „miau" macht nun der Mund

„Katz! Wie hast du mich erschreckt
Hast dich vor mir hingestreckt
Zärtlichkeit hast du erbeten
Und ich bin dir draufgetreten

Ich kann nicht im Dunkeln sehn
Mutzi, sonst wärs nicht geschehn
Du warst so wie ich entsetzt
Hast die Krallen eingesetzt

Oh verzeih mir liebes Tier
Kriegst ein Leckerli von mir
Und dann lege ich mich wieder
In mein Bett zum Schlafen nieder!"

Lächelnd seh ich nun im Fenster
Jene „Augen der Gespenster"
Waren des Tiefkühlschrankes Lichter
Nicht dämonische Gesichter

Phantasie, das ist ja gut
Doch nicht mehr davon als Mut!!
Und noch schlimmer wer vergisst
Warum er aufgestanden ist!!

In der Decke, warm, geborgen
Wart ich auf den Schlaf, auf morgen
Eins jedoch hat mich erschüttert
Ich hab nur die Katz gefüttert!

Morgenlied

Meine Tage begannen nach wie vor sehr früh. Erst dachte ich, es sei noch ein „Überbleibsel" meines Arbeitslebens, dass ich noch immer so zeitig aufwachte. Nun war ich schon ein halbes Jahr in Pension und es hatte sich nichts daran geändert, im Gegenteil. Nicht mehr so erschöpft von der Doppelbelastung durch Beruf und Familie, wurde ich noch früher wach.

Zumeist war es draußen stockfinster. Ein Blick auf den Wecker. Vier Uhr morgens. Es wäre doch verrückt, um diese Zeit aufzustehen.

„Gemach, gemach", sagte mein Verstand. „Mach dir keinen Stress! Du bist ja jetzt in Pension!"

Gehorsam schloss ich meine Augen und legte meinen Kopf wieder auf das Kissen zurück. Mein Körper ruhte zwar, aber mein Geist war wach. Er registrierte jedes Auto, das an meinem Fenster vorbeifuhr; ich hörte die Angestellten des nahen Lokals nach Hause fahren, den Zeitungslieferanten, die schweren Laster auf dem Weg in die Papierfabrik, die Pendler, die zur Arbeit fuhren, den Morgenzug und plötzlich das Lied der Amsel.

Sie trällerte in den obersten Birkenzweigen auf der anderen Straßenseite, aber ich hörte sie so, als würde sie auf meinem Bett sitzen.

Der Himmel war noch dunkel. Der Morgen begann gerade erst zu dämmern, aber sie sang bereits ihr erstes Lied an den neuen Tag. Ihr Trillern und Jubilieren drang durch die klare Luft. Sie pries den jungen Morgen, lobte den neuen Tag noch vor dem Abend. Jedenfalls kam es mir so vor, und ich hatte ein warmes Gefühl in meinem Herzen.

„Oh, könnten doch jeder die Tage so beginnen", dachte ich mir, „voller Dankbarkeit und Hoffnung". Aber manches Mal fehlt einem das Wesentliche dazu: der Glaube und die Zuversicht. Mein Lieblingsspruch von Tagore fiel mir dazu ein:

„Der Glaube ist wie ein Vogel, der zu singen beginnt, wenn die Nacht noch dunkel ist"

Ich lächelte unwillkürlich: „Vielleicht sollte ich auch den neuen Tag besingen." Mit diesen Gedanken schlief ich wieder ein.

An diesem Tag habe ich verschlafen.

Der neue Ofen

Es wurde wirklich ernst. Nach sechzehn Jahren, in denen wir jeden Winter mehr oder weniger gefroren hatten und immer elektrisch dazuheizen mussten, nahm das Ofenprojekt reale Formen an. Mehr als tausendzweihundert Euro hatten wir schon für gebrauchte Heizungsanlagen ausgegeben. Beim ersten Kauf hatte unser Installateur kalte Füße bekommen und die Montage abgelehnt. Als wir den riesigen gusseisernen Feuerkessel samt zugehöriger Wärmepumpe verschenkt hatten, vergingen ein paar Jahre, bis wir uns wieder an den Kauf eines gebrauchten Zentralheizungsofens heranwagten. Es war ein nahezu identisches Modell unseres Ofens, das ohne viel Aufwand getauscht werden konnte. In unserer Begeisterung haben wir das Gerät nicht ordentlich angesehen, denn sonst hätten wir gleich gemerkt, dass wir einem Betrüger auf den Leim gegangen sind. Der Rost war durchgeglüht. Um überhaupt Heizmaterial einlegen zu können, hatte man innen einfach einen zweiten Rost darauf gelegt. Aber das war nicht alles. Auch das Gittertürl zum Feuerraum war durch die Hitze so verzogen, dass es sich nicht mehr öffnen ließ. Wie sollte man da einheizen? Wie die Schlacke ausräumen? Alles von oben? Nein! So ein defektes Gerät hätten wir uns nicht einmal mehr herzuschenken getraut, geschweige denn verkaufen.

Nun hatte ich von gebrauchten Öfen ein für alle Mal die Nase voll. Neuerlich vergingen ein paar Jahre bis zum nächsten Anlauf.

Der vergangene Winter war wieder bitter kalt

gewesen. In der Küche, hatte es morgens beim Aufstehen 11 Grad Celsius. Bei voller Heizung stieg das Thermometer etwa um einen Grad pro Stunde. Die Raumtemperatur schwankte zwischen 19 Grad und 20 Grad. Bei Schreibarbeiten saßen wir mit unseren Winterjacken am Computer und tranken literweise Tee. Im Badezimmer hatte es erfrischende 9 Grad. Sich vor dem Duschen auszuziehen kostete jedes Mal eine Überwindung. In den Zimmern war es auch nicht wärmer. Wenn Besuch kam, wurde neben der Küche auch im Wohnzimmer elektrisch dazugeheizt, um eine annehmbare Raumtemperatur zu erhalten.

Nun sollte damit Schluss sein. Wir hatten einen leistbaren neuen Ofen im Internet gefunden. Es war ein wunderschöner, ziegelrot emaillierter Tischherd mit Wassertasche für die Heizung. Ich war begeistert: von der Farbe und vom Preis. Mit unserem Laster holten wir ihn selbst ab. Zu meiner Enttäuschung gab es das rote Modell nicht lagernd, aber das weiße würde seinen Zweck auch erfüllen.

Die ersten Probleme gab es beim Abladen. Ein Gabelstapler hatte den Ofen beim Kauf auf den Laster gehoben. So ein Gerät hatten wir zu Hause nicht. Otto legte zwei Metallschienen an die Ladefläche an. So wollten wir ihn langsam herunterrutschen lassen. Dachten wir ... aber das ansehnliche Gewicht von 165 Kilo beschleunigte die Sache etwas. Nur mit Mühe und vollem Einsatz gelang es uns, ein Herunterpoltern von den Schienen zu verhindern. Mit einem Hubwagen zogen wir die Palette mit dem Ofen unters Dach. Als nächste waren die Kaminbauer dran.

Bei einem schweren Erdbeben in den sechziger Jahren war eine Hälfte des Doppelkamins zusammengebrochen. Kurzerhand hatte man den Rauchabzug des Ofens in den anderen Kamin eingeschlaucht. Das war der Abzug des Selchkamins, der nicht mehr benützt wurde. Der defekte Teil wurde abgetragen und das Dach darüber wieder geschlossen. Es war sicher eine der Ursachen, warum der Ofen so schlecht zog. Mit dem neuen Ofen musste nun jedoch auch der Kamin gerichtet werden. Der Selchkamin wurde bis unters Dach abgetragen und der neue daneben wieder hochgezogen. Der untere Teil musste auf eine größere Dimension ausgeschliffen werden.

„Ist das nicht gefährlich?" fragte Otto vorsichtig, als er das Schleifgerät betrachtete.

„Nur, wenn er die Wand durchbricht!" gab der Arbeiter zur Antwort und lachte.

Beide standen wir in der Küche und behielten die Mauer im Auge. Die Maschine arbeitete sich grummelnd und rumpelnd durch den schmalen Kamin in den Keller. Wir atmeten erst auf, als sie fertig waren.

Dann kam der Installateur, um sich den Ofen anzusehen, den er montieren sollte. So ein Modell hatte er noch nie angeschlossen. Es war in Rumänien erzeugt worden und ganz anders gebaut als unsere Herde. Zudem fehlte noch ein elektronischer Teil, den Daniel erst bestellen musste.

Um den Arbeitsaufwand für den Installateur so gering wie möglich zu halten, entschloss sich mein Mann, den alten Ofen selbst abzubauen.

„Bist du sicher, dass du das kannst?" fragte ich.

„Was ist da schon dabei?" konterte er „Sind doch nur ein paar Schrauben aufzumachen!"

Ich war mir da nicht so sicher. Mir schwante Schreckliches.

„Die paar Schrauben" fuchsten ihn fürchterlich. Er schwitzte und keuchte und rannte alle Augenblicke in die Werkstatt um anderes Werkzeug. Ruß und Dreck von Jahrzehnten hatten sich an den Schrauben festgesetzt. Sie hielten Ottos Bemühungen über zwei Stunden stand. Ein ganzes Arsenal von Schraubenschlüsseln verschiedenster Größe lag auf dem Küchentisch. Da es hinter dem Ofen extrem finster war, musste ich mit der Taschenlampe leuchten. Endlich bewegte sich was.

„Ja, jetzt geht es!" rief ich freudig. Otto schlug noch ein paar Mal drauf, und die Verschraubung des Wasseranschlussrohres lockerte sich und ließ sich drehen.

„Na endlich!" stöhnte mein Mann und schraubte weiter.

Noch bevor der Anschluss ganz offen war, begann es hinter dem Herd zu tröpfeln. Mit jeder Drehung verstärkte sich der Wasserfluss.

„Du hast den Wasserzufluss nicht abgedreht!" rief ich.

„Ich habe alles abgedreht!"

Zwischen der Mauer und dem Ofen rann es auf den Boden. Der Spalt war so schmal, dass man nichts unterstellen konnte um das Wasser aufzufangen. Es floss über die alten verrußten Leitungen und kam als dunkle Brühe hinter dem Herd hervor.

Ich rannte auf die Veranda und holte Bodentücher um das Schlimmste zu verhindern. Im Nu hatten sie sich vollgesogen. Aus der Pfütze wurde ein schwarzer See, der sich in der Küche ausbreitete. Es war das Wasser aus der Wassertasche. Da Otto keine Ahnung hatte, wie man sie fachgerecht entleerte, mussten wir hilflos zusehen, wie unser Küchenboden geflutet wurde. Mir war zum Heulen. „Ich hab's geahnt! Ich hab's geahnt!!!!" rief mein Innerstes aufgebracht. Mein „Installmalheur" hatte wieder einmal zugeschlagen.

„Wieviele Liter sind eigentlich da drinnen?" fragte Otto als die Lacke bereits unter die Bank reichte. Ich zuckte die Achseln. Egal, es war einfach zu viel. Sich groß aufzuregen, schimpfen oder toben half da auch nicht weiter. Da fiel mir etwas anderes ein. Ich lief um unseren Nass und Trockensauger zu holen. Ohne weiter nachzudenken, schaltete ich ihn ein und begann das Wasser aufzusaugen. Gurgelnd schlürfte er die Flüssigkeit in sich hinein. Immer wieder rann es nach, denn es hatte sich bereits bis unter die Anrichte ausgebreitet. Bald konnte man den Boden wieder sehen und ich atmete erleichtert auf. Als ich den Staubbehälter öffnete um den Wasserstand zu kontrollieren, sah ich, dass er dreiviertel voll war und der Filter bis zur Hälfte im Wasser stand.

„Upps!! Den hätte ich wohl vorher herausnehmen sollen!" ging es mir durch den Kopf. Hätte!! Sollte!! Das half mir im Nachhinein nicht. Ich zog den Filter heraus und beendete mein Werk.

Nun musste das eiserne Ungetüm noch hinausgeschafft werden. Damit es nicht auf dem Weg nach draußen noch ein „Malheur" geben konnte, wickelte ich den Ofen mit Frischhaltefolie ein.

Als das ausgediente Stück draußen war, wandten wir uns dem nächsten Problem zu; die Geschirrvitrine musste abgebaut werden, damit der Installateur Platz hatte, um zu arbeiten. Die Vitrine, ein wunderschöner mit Schnitzereien versehener, dreiteiliger Kasten mit vier Meter durchgehendem Unterteil, konnte in der Küche nur mit zwei Aufsätzen aufgestellt werden. Nun musste sie ganz weg, denn nach der Herdmontage würde sie nicht mehr hineinpassen. Ich räumte aus. Das Geschirr für den täglichen Bedarf schlichtete ich auf den Wohnzimmertisch, alles andere verstaute ich in Kisten. Die Möbelteile stellten wir einstweilen ins Schlafzimmer.

Die nächste Vorbereitung für den Installateur; das Vorzimmer musste geräumt werden, damit der breite Herd in die Küche hindurchtransportiert werden konnte. Der Schuhschrank, die Obststellage und ein weiterer Schrank landeten auf der Veranda.

Mir war es ein Anliegen, die Vitrine im Wohnzimmer komplett mit allen drei Teilen aufzustellen. Dazu mussten der vorher vorhandene Wandverbau geteilt ins Schlafzimmer und die schlanken, ursprünglich für die Garderobe geplanten Kästen in die Küche geräumt werden. Für eine bessere Optik wurde auch noch ein Bücherregal umgestellt. Dass alle Kästen und Schränke geleert und umgeschlichtet werden mussten, versteht sich von selbst. Von Stunde zu Stunde vergrößerte sich das Chaos. Die Bücher stapelten sich auf den Betten, die Wäscheberge türmten sich in den Zimmern, Kartons standen herum, wie bei einer Übersiedlung, doch hatten wir stets das Ziel vor Augen, auf das wir hinarbeiteten. Es war Samstag. Wir hatten nur den einen Tag für diese Rochade zur Verfügung. Am Sonntag wurde nicht gearbeitet und am Montag in der Früh kam der Installateur, und darum sollte alles wieder ordentlich aufgeräumt sein.

Da der Herd breiter war, als die Vorzimmertür zur Küche, musste er vom Badezimmereingang auf der anderen Seite des Hauses durch alle Räume transportiert werden. Je später der Abend wurde, umso langsamer wurden die Bewegungen, aber die Aussicht, dass wir es schaffen würden, gab uns die Kraft, durchzuhalten.

Wir waren sehr stolz, als wir danach auf unser Werk blickten. Die Vitrine im Wohnzimmer, nun in voller Größe aufgestellt, wirkte gediegen. Mein schönes Zwiebelmustergeschirr war nicht mehr hinter Holztüren verborgen, sondern im Glasteil des Schrankes sichtbar untergebracht.

Der geteilte Wandverbau vom Wohnzimmer passte zentimetergenau ins Schlafzimmer. Die Garderobekästen hingegen, die früher dort standen, harmonierten jetzt in der Farbe mit den Küchenmöbeln.

Vielleicht war es auch nur der ungewohnte Anblick fürs Auge, aber uns gefiel es nun viel besser.

Müde, aber unendlich zufrieden gingen wir zu Bett.

Am Montagmorgen kam der Installateur mit vier Arbeitern. Die waren alle nötig, um den 165 Kilo schweren Herd ins Haus zu schaffen. Zwei Mal waren Stufen zu bewältigen, über die der Ofen gehoben werden musste. Mit einem großen Hubwagen fuhren sie durch die Zimmer.

Die große Stufe in die Küche war das letzte zu überwindende Hindernis. Als der Herd endlich an seinem Platz stand, war der Anschluss für den Installateur keine große Sache mehr.

Mittlerweile haben wir uns an den veränderten Anblick gewöhnt. Bei der Neuordnung der Dinge ist es allerdings noch nicht so. Wir suchen manches noch an den Stellen, an denen sie früher untergebracht waren, aber auch das wird sich geben.

Noch fehlt uns die Erfahrung, welche Temperaturen wir im nächsten Winter zu erwarten haben. Aber das ist eine andere Geschichte.

Die Rochade

Die Ursach war ein neuer Herd
Der so viel Arbeit uns beschert
Er war sehr schwer und auch sehr breit
Der Durchgang war nicht genug weit
Regal und Schuh auf die Veranda
Und so begann das Durcheinander
Zerlegt der Kasten fürs Geschirr
Das Porzellan gestapelt wirr
Der Wäscheschrank – geleert – verschoben
Die Bücher einst am Kasten oben
Landen in Schachteln oder nett
Geschlichtet auf dem Ehebett
Mein Mann, der voller Sanftmut ist
Fragt, ob das wirklich nötig ist
„Der Herd kommt in die Küch! Warum
Räumen wir jetzt die Zimmer um?"
„Weil die Vitrin die jetzt dort steht
Dann nimmer in die Küche geht
Die soll im Wohnzimmer drin stehn
Das schöne G'schirr kann man dann sehn
Was dort jetzt steht, der Wandverbau
Der passt ins Schlafzimmer, genau!
Wir machen einfach 'ne Rochade
So wie beim Schach, das passt gerade"
Totales Chaos in den Räumen
Viel schlimmer als in ärgsten Träumen
Wir schlichten was wir krieg'n zu fassen
Bevor die Kräfte uns verlassen
Es wurde Nacht, eh wir gesiegt
Alles am neuen Platz nun liegt
und Ordnung herrscht an Chaos statt
doch wie beim Schach, wir waren „matt"

Verletzt

Unser Holzvorrat ging zu Ende. Otto hatte bei unserem letzten Aufenthalt im Wald einen großen abgestorbenen Baum entdeckt. Den wollte er nun fällen. An diesem Tag hatte ich am Nachmittag eine Lesung in Wien, darum fuhren wir dieses Mal bereits am Vormittag mit dem Traktor los.

„Wir holen heute nur den Einen", versicherte mir mein Mann, der meine Sorge, dass ich ansonsten zu meinem Termin womöglich zu spät kommen würde, ernst nahm.

Es war ein wenig diesig. Die Sonne getraute sich nicht recht hervor, darum war es recht frisch. Der Schnee war nur mehr stellenweise vorhanden. Mühelos, mit Hacke und Sappel ausgerüstet, stieg ich den steilen Hang hinauf. Otto schleppte die Motorsäge. Da wir aber noch anderes Werkzeug brauchten, ich aber nicht alles auf einmal tragen konnte, musste ich den Weg mehrmals zurücklegen, was mich dann doch außer Atem brachte.

Wir kamen mit unserer Arbeit gut voran. Der Baum war gut gefallen. Ich hatte ihn entastet und Otto hatte ihn in Stücke geschnitten.

Am schwierigsten war es, die zersägten Baumstämme nach unten zu befördern. Die abgeschnittenen Baumstümpfe und alten verrotteten Äste auf dem Waldboden behinderten uns, wenn wir versuchten, die Teile hinunter zu ziehen. Ließ man sie jedoch einfach den Hang hinunterrollen, so kamen sie meist weit entfernt von unserem Traktorstellplatz zum Liegen. Sprangen sie über den Weg und kugelten weiter abwärts, mussten wir sie danach die Böschung wieder hinaufschleppen. Es war harte Arbeit, bis wir sie neben den Anhänger geschafft hatten.

Otto lud die großen Stammteile zuerst auf, ich schleppte noch einige dürre Äste herbei, denn zum Einheizen ersetzten sie das Unterzündholz, das wir ansonsten hätten kaufen müssen. Als ich alles untergebracht hatte, stieg ich nicht wie sonst ab, sondern kletterte über die Baumstämme zum Traktor nach vorn, um mich danach auf den Sitz, der auf dem Kotflügel angebracht war, hinzusetzen.

Der Abstand zwischen dem Anhänger und dem Traktor war zu groß, um einfach hinüber zu steigen. Zur leichteren Überbrückung stieg ich auf den Metallbügel, an dem die Ackergeräte angehängt und hydraulisch gehoben und gesenkt werden konnten. Es war mir bisher entgangen, dass jener Teil gut beweglich war. In dem Augenblick, in dem ich mich schwungvoll darauf abstieß, um besser auf den erhöhten Sitz zu kommen, drehte sich der Bügel, und ich stürzte zwischen Anhänger und Traktor auf den Boden. Mein Schienbein war über das Metall geschrammt. Ein brennender Schmerz durchzuckte mein linkes Bein. Ich hatte das Gefühl, als ob mir jemand den Magen zusammendrückte. Übelkeit stieg in mir hoch. Zitternd und mit letzter Kraft kletterte ich zwischen Anhänger und Traktor hervor und zog mich zu meinem Platz hoch. Vorsichtig schob ich die Hose hinauf, um nachzusehen, was passiert war. Unter der zerrissenen Strumpfhose hatte die metallene Kannte die Haut über mehrere Zentimeter bis auf den Knochen abgeschabt.

Langsam zog ich das Hosenbein wieder darüber. Mein Mann, der währenddessen das Werkzeug verstaut hatte, hatte nichts davon bemerkt.

Die Heimfahrt verlief schweigend. Zu Hause humpelte ich über den Hof um zuerst meine Wunde zu versorgen, ehe ich beim Abladen half.

Ich hatte gerade eine Arnikatinktur über die Wunde gegossen und verzog das Gesicht, weil es höllisch brannte, als Otto in die Küche kam.

„Sollen wir nicht ins Spital fahren?" fragte er, als er sah, dass ich verletzt war.

Ich schüttelte den Kopf.

„Vielleicht muss die Wunde genäht werden?!" meinte er. „Hast nicht starke Schmerzen?"

„Geht so!" wehrte ich ab. Nein, für das Spital hatte ich keine Zeit. Ich musste bald nach Wien fahren. Ich verband mein Bein, nahm eine Schmerztablette und half Otto das Holz abzuladen.

Anschließend zog ich mich um und fuhr nach Wien. Mit öffentlichen Verkehrsmitteln war es nicht leicht dorthin zu kommen. Ich hatte einen ordentlichen Fußmarsch zurückzulegen. Mein Bein schmerzte bei jedem Schritt und ich überlegte einen Augenblick, ob es nicht besser gewesen wäre, zu Hause zu bleiben. Besser für wen? Es war die erste einer ganzen Reihe von Lesungen in Pensionistenklubs, für die ich mich gemeldet hatte. Wäre ich gleich beim ersten Mal nicht gekommen, hätte man mir nachgesagt, unzuverlässig zu sein. Ich aber wollte verlässlich sein und pünktlich. Das hatte mir zu Schulzeit bereits unsere Chorleiterin aufgetragen: „Ein Künstler, der ein Engagement angenommen hat, kann es sich in der Regel nicht leisten, nicht

aufzutreten. Nur der Tod hindert am Kommen!"
Nein, so schlimm war es nicht. Ich biss die Zähne
zusammen und marschierte. Dies war mein
schmerzlichster Auftritt. Auch in den Jahren
danach habe ich mich stets bemüht, meine Termine
einzuhalten und war nur ein einziges Mal krank.

Abschied von Gust

Eingepackt mit einer großen Plastikplane, stand unser Traktor nun schon seit Wochen im Hof. Das schlechte Wetter war schuld, dass meine Männer mit der Arbeit nicht vorankamen. Schon lange, bevor wir das Anwesen übernommen hatten, war einer der seitlichen Balken des Dachgerüstes vom offenen Schuppen angebrochen und hatte sich gesenkt. Er wurde zwar mit einem Pfosten abgestützt, aber mein Mann vertraute der Stütze nicht mehr so ganz, und so hatten er und Daniel mit Betonsteinen Säulen hochgezogen und dazwischen Fenster eingesetzt.

Ottos Bein, er hatte sich im letzten Winter den Knöchel gebrochen, machte ihm noch immer zu schaffen. Mit dem Traktor in den Wald zu fahren, um Holzarbeiten zu machen, konnte er nicht mehr. „Gust", wie ich dieses Vehikel liebevoll nannte, stand nur mehr herum.

Nun wollte mein Mann an diesem Einstellplatz seine Metallwerkstatt einrichten. Der Traktor musste weg. Möglichst noch, bevor der große Schnee kam.

Wir entfernten die Plane. Otto startete den Motor, und langsam knatternd wendete er den Traktor in Richtung Hoftor. Dann hängten wir den Anhänger, der noch im Schuppen abgestellt war, an.

Er lief noch einige Zeit am Stand, ehe er abgeholt wurde. Leise tuckernd stand er da, vibrierte. Irgendwo gab es einen losen Metallteil der gegen einen anderen schlug und so ein feines, helles Klingeln erzeugte. Ich betrachtete Gust. Alt und schäbig sah er aus. Ein paar Rippen vorne am

Kühler waren verbogen, aber der Motor, sein Herz, schlug noch immer kraftvoll. Die einstens rote Farbe war matt und glanzlos. Die Feuchtigkeit hatte dem Metall zugesetzt. Im Jahr davor hatten wir Farbe gekauft, um ihm einen neuen Anstrich zu verpassen, aber die Zeit dafür reichte nie. Die Renovierungsarbeiten hatten immer Vorrang. Ihn von Professionisten herrichten zu lassen, dafür reichte das Geld nie.

„Ach, Gust", flüsterte ich leise und ein wenig wehmütig, als er hinausfuhr, denn bis zu seinem Verkauf wurde er in der Nähe untergestellt.

Es dauerte einige Zeit, denn der Winter war keine gute Jahreszeit, um sich einen Traktor zu kaufen.

Eines Tages, während ich am Dachboden die Wäsche aufhängte, hörte ich neben dem Autolärm von der Straße auch einen Traktormotor. Nein, das war kein modernes Wirtschaftsfahrzeug, es war ein Einzylinder ... es war Gust. Ich erkannte ihn an diesem leisen Klingeln, das sich unter das Motorengeräusch mischte. Es war mir so vertraut. Plötzlich wurde Gas gegeben, und mit lautem, gepresstem Knattern hörte ich ihn am Haus vorbeifahren. Es gab mir einen Stich ins Herz. Ich ließ die Wäsche in den Korb zurückfallen und lief zum Dachbodenfenster, um noch einen letzten Blick auf Gust zu erhaschen, ehe er meinen Blicken für immer entschwand.

Ja, es war wirklich Gust. Ich blickte ihm nach, wie er die Straße entlang Richtung Bahnhof fuhr und danach meinen Blicken entschwand. Ein Anflug von Wehmut erfasste mich, und das Herz war mir auf einmal schwer geworden.

Einzig die Hoffnung, dass er es nun besser haben

könnte, tröstete mich ein wenig. Vielleicht hatte er einen „Liebhaber" gefunden, der ihn pflegen und ihm einen neuen Anstrich verpassen würde. Ein gutes „Ausgedinge" sollte er haben und an besonderen Tagen strahlend und glänzend vorgeführt werden.

Ja, das wünschte ich ihm und bei diesen Gedanken konnte ich sogar wieder lächeln.

Versäumt?

So vieles wollt` ich Dir noch sagen,
Doch nun – ist es zu spät?
Dein Herz hat aufgehört zu schlagen,
Dein Atem ist verweht.

So manches wollte ich dich fragen,
Ich habe es versäumt.
Erfahrungen aus deinen Tagen;
Die Chance hab ich verträumt.

Es gibt dir nichts mehr zu verzeihen,
Du weißt, wann du gefehlt.
Die guten Dinge will ich reihen,
Dein Erbe, das was zählt.

Ich spür dich manchmal in den Räumen,
als wärest du bei mir.
Kann dich nicht fassen, wie in Träumen,
denn du bist nicht mehr hier.

Einmal noch möchte ich dich umarmen,
Und dich ganz sacht berühr`n,
Die Wangen küssen, deine warmen
Und deinen Herzschlag spür`n.

Auch heute noch kann ich dir sagen,
Ich weiß, du hörst mir zu,
Wie nie zuvor an Erdentagen,
Ist Zeit und du hast Ruh.

Und größer noch als je im Leben,
Verständnis weitet dich,
Nun kennst du mein geheimstes Streben,
das, was verbindet mich.

Ka g`mahte Wiesn

Mei Leben woar nia a gmahte Wiesn
Es woar net olles leicht und scheen
Deis kaun mi jedoch net verdrießn
Es wird scho wieda besser gehen

Wos i erreicht und wos i gschoffn
Um deis hob i mi miassn plogn
Doch immer woar für mi des Hoffn
Für größer no als wia`s Verzogn

Moi hob i zittert um mei Orbeit
Daun hob i Aungst ghobt um mein Maun
Immer die Sorgn ob deis Göld reicht
Und i a olls dazohln kaun

Durchwochte Nächte wegn der Kinder
Da Voter schwer an Krebs erkraunkt
Die Hülf für aundre woar nie z`minder
A wauns daun kana hot bedaunkt

Wos aundre geschenkt kriagn oda gwunna
Deis hob i niemols no begehrt
Unter die Händ is eana z`runna
Wäus net geschätzt hobn ihren Wert

Bestaund hot wos ma selba g`schoff`n
Unter Entbeerung und voll Fleiß
Hot ma a maunchmol wenig gschlofn
Des g`hört halt a dazua zum Preis

Dem Herrgott daunken und ihn lobn
Für deis wos ma erreicht und gschofft
Ma muaß net imma olles hobn
Und die Zufriedenheit föht oft.

Wäu nix von dem kaunst ummi nehman
Waunst amoi gehst von dera Wölt
Nur deis wos du mi`n Herzn gschoffn
Is wos, deis drübn a wos zöhlt

Nichts ist mir zugefallen
(Übersetzung ins Hochdeutsche v. Ka g´mahte Wiesn)

Nichts hab ich einfach so bekommen
Auch war nicht alles leicht und schön
Nie hat es mir den Mut genommen
Ich wusste, es wird besser geh`n

Was ich erreicht, was ich geschaffen
Bekam ich nur durch Müh und Plag
Stets hoffnungsvoll sich aufzuraffen
Und alles geben Tag für Tag

Ich hab gezittert um die Arbeit
Hab Angst gehabt um meinen Mann
Immer die Sorge ob das Geld reicht
und man alles bezahlen kann

Durchwachte Nächte an den Betten
Der Vater schwer an Krebs erkrankt
Bedürftigen das Leben retten
Auch wenn sie es dann nicht gedankt

Was andere geschenkt , gewonnen
Das habe ich noch nie begehrt
Den meisten ist es schnell zerronnen
Weil sie nicht schätzten diesen Wert

Bestand hat was man selbst geschaffen
Unter Entbehrung voller Fleiß
Kam man auch manchmal kaum zum Schlafen
Gehörte das dazu zum Preis

Den lieben Gott zu loben, danken
Für das was man erreicht, erhofft
Setz deinen Wünschen manchmal Schranken
Weil die Zufriedenheit fehlt oft

Wenn deine Lebenszeit zu Ende
Nimmst du nichts mit von dieser Welt
Als Liebestaten deiner Hände
Das ist der Wert der drüben zählt

Nimm dir Zeit

Es gibt viele Wünsche, die sind leicht erfüllt
Sehnsüchte und Hoffnungen - einfach gestillt
Sie kosten kein Geld, doch bereiten viel Freud
Und der einzige Aufwand dafür ist die Zeit

„Nimm dir einmal nur Zeit", sagt zum Vater der Sohn
Dass du weißt, was ich mach´, ich zeig es dir schon
Setz dich her zum Computer, ich bring es dir bei
Nimm dir doch einmal Zeit, eine Stund´ oder zwei

Die Frau spricht „Ich wünschte, du gingst mir zur Hand
Die Fenster zu putzen, ist lang schon geplant
Vielleicht kochst du für mich, das wäre fein
Ein romantisches Essen bei Kerzenschein

Schenk nicht immer nur Gutscheine oder bloß Geld
Denk mal nach, was ich möchte und was wirklich zählt
Ich will keine Geräte, auch kein neues Geschirr
Sondern einen besonderen Abend mit dir

Du sollst nicht immer rackern, dich ständig beeilen
Hör doch zu, was man sagt und lies zwischen den Zeilen
Schau den Menschen gut an, ob er wirklich lacht
Oder nur mit dem Mund Grimassen macht

Die Mutter fragt schüchtern: „Kommst du her? Hast du Zeit?

Ja, ich weiß, so viel Arbeit und der Weg ist so weit
Du brauchst nichts zu bringen, keine Gaben und so
Wenn du mich nur umarmtest, das macht mich schon
froh!"

Es gibt viele Geschenke, die kosten kein Geld
Manche sind unbezahlbar mit Werten der Welt
Man sagt „Zeit das ist Geld", doch sie ist so viel mehr
Drum nimm dir Zeit für dich und schenke sie her.

Um Weihnochtn ummadum

Wos mir um Weihnochtn so gfoit
Des Kerznliacht, der Gruch noch Woid
Der Duft vom Gwürz, noch Bäckerein
Kinder, dei si aufs Christkind gfrein

Die Fensta geschmückt und draußt a Baam
Adventkraunz üban Tisch daham
Äpfeln im Korb in göb und rot
Und a a frisches Kletznbrot

I hear gern zua waun ma dazöhlt
Wias früher um die Zeit woar b`stöllt
Gaunz anfoch woars, oba da Sinn
Des Fest`s woar noch in jedem drin

Die Leit woarn oarm, hobn nix besessn
doch auf den Herrgott net vergessn
hobn bet und daunkt dass Jesus Christ
der Friedensfürst geboren ist.

Und wieder wird's stü

Da Herbst is vergaungan
Da Winta ziagt ein
Die Sun is vahaungan
Es hebt aun zan Schnei`n

Und es wird wieder stü
Da Schnee deckt ois zua
Do a weng nur, durt vü
jetzt ruht die Natur

Es schlofn die Wiesn
Und stad san die Bam
Entblätterte Riesn
Stehn do wia im Tram

Die Bacherln werd`n leise
Gedämpft klingt der Schritt
Und auf eigene Weise
Nimmt des Stüwerdn mi mit

Von außen noch innen
Wird's stü drin in mir
Daun tu i mi besinnen
Weihnocht steht vor da Tür.

Des Himmels Fenster

An einem meiner freien Tage Anfang Dezember, saßen Otto und ich in der Küche über unserem Wirtschaftsbuch.

Nach Bezahlung aller Rechnungen würde nicht mehr viel Geld für Weihnachten übrig bleiben. Wir sahen uns die Erlagscheine durch. Der zweithöchste Betrag nach der Stromrechnung war mein Zehnter.

Das war meine Abgabe an den Herrn, ein Zehntel meines Einkommens, das ich Monat für Monat, gemäß einer Aufforderung aus dem Alten Testament bezahlte, in der es hieß:

„ … und prüfet mich darin, ob ich euch nicht des Himmels Fenster öffnen und Segen in einer Fülle auf euch herab senden werde ..." (Maleachi)

Oft schon hatte sich diese Verheißung erfüllt, wenn wir unserer Verpflichtung nachgekommen waren, aber wir hatten auch die andere Seite erfahren; dass das Geld niemals reicht, wenn man anstatt des Zehnten etwas anderes bezahlt.

So war es für mich keine Frage, ob ich es tun sollte oder nicht. Ich hatte Glauben und vertraute. Wir hatten einen Vorrat, von dem wir einige Zeit leben konnten. Ich brauchte nur frisches Obst und Gemüse kaufen, und dazu wollte ich die Lebensmittelgutscheine, die ich als Weihnachtsgeschenk von meiner Firma bekommen hatte, verwenden.

Das restliche Geld meines Mannes wollten wir für Weihnachten aufheben.

Beim Holzschneiden im Wald passierte ein Malheur. Der Baumstamm, der zu schneiden war, zwickte die Motorsäge ein. Sie war nur gewaltsam wieder herauszukriegen. Dabei wurden das Sägeschwert und die Kette so schwer beschädigt, dass sie erneuert werden mussten.

„Auch das noch!!" stöhnte ich. „Und wann kommen die Segnungen?" fragte ich mich.

Sie kamen. Zuerst kleinweise im Geschäft. Eine Kundin kaufte zwei Tafeln ihrer Lieblingsschokolade und schenkte mir eine davon. Ein Herr kaufte für Erich, unseren Sandler, eine Jause und gab auch mir eine Semmel. Der Chef hatte von der Backwarenfirma einen Weihnachtsstollen geschenkt bekommen und wollte ihn nicht. Er gab ihn mir.

Dann schickte die Schwester meines Vaters etwas Geld im Weihnachtsbrief.

Zwei Tage vor Weihnachten läutete abends das Telefon. Otto war nicht da, und ich lag schon im Bett. Der Bischof unserer Gemeinde wollte noch kurz bei uns vorbeikommen.

„Mach das Fenster auf", hatte er mich telefonisch aufgefordert, ehe er vorfuhr. Dann öffnete er den Kofferraum seines Wagens und lud Kartons mit Lebensmitteln auf mein Fensterbrett; Obst, Gemüse, Konserven, Tee, Salate, Käse, Wurst … und vieles mehr.

Obwohl es kalt war und ich im Nachthemd dastand, fror ich nicht. Mir war plötzlich ganz warm ums Herz.

Des Himmels Fenster … es lag an der Straße.

Auf nach Seebenstein

Fost zwa Joarzehnte wohn ma drin
In da Bundeshauptstodt Wien
Daun hobn ma olles zsaummenpockt
Wäu des Laundlebn hot uns glockt
Laundluft, Traktor, Hauhnenschrei
Kuastoll, Silo, Gruch noch Hei
An Hof im Dorf hobn ma erworbn
Doch leida woar scho vüh vadorbn
Morsche Bödn, feichte Wände
Risse, Sprünge ohne Ende
Orbeit dass die Schwortn krocht
Doch deis hot uns gor nix gmocht
Mir tan fleißig renovieren
Fensta, Mauern, Bödn, Türn
Jedn Tog gibt's wos zum Tuan
Und des moch ma ohne murrn
Johrelaung mit vüh Vazicht
schließlich hobn a wos gricht
Maunchmoi woars schwer, des muss i sogn
In Woid gfoahrn san ma, Bama schlogn
Des Brennholz söba gholt und ghockt
Der Orbeitseinsotz hot scho gschockt
Dazua an jedn sei Beruf
Der a no an Aufwaund schuf
An Job am Laund gibt's jo kaum mehr
Noch Wien pendl ma hin und her
Für vüle Joar, bis zur Pension
Sehr oft woar es a Mühsal schon
Jetzt hob mas gschafft mir san daham
Erfüllt hob ma uns maunchen Tram
Doch a heit is no ka Rua
Wäu Ideen hätt ma gnua
Neiche Wünsch und Hoffnung ebn
Dass mas vielleicht a dalebn

Waun's stü wird
von Doris Pikal

Heiteres und Besinnliches rund um Weihnachten. Dieses sollte bei keiner Adventstunde fehlen. Ein Buch das man alle Jahre wieder liest.

Preis: 12,90
ISBN: 978-3-9502389-0-7
www.verlag-ccu.com

Mitten aus dem Leben
von Doris Pikal

Alltagsgeschichten und Lebensepisoden, heiter und bewegend erzählt.

Preis: € 13,90
ISBN: 978-3-9502389-5-2

www.verlag-ccu.com

Schokolade für das Herz
von Doris Pikal

Lebensepisoden, eingeteilt in die Schokoladensorten Heiteres und Besinnliches aus dem Alltagsleben.

Preis: 13,90
ISBN: 978-3-9503051-1-1

www.verlag-ccu.com

Und wieder wird's stü
von Doris Pikal

Dieses Buch mit heiteren und besinnlichen Geschichten und Gedichten rund um Weihnachten sollte bei keiner Adventstunde fehlen.

Preis: 13,90
ISBN: 978-3-9503051-4-2
www.verlag-ccu.com